广 西 林 草 种 质 资 源 丛 书

广西
六万大山植物

广西壮族自治区林业科学研究院
广 西 国 有 六 万 林 场　编著

中国林业出版社
China Forestry Publishing House

图书在版编目（ＣＩＰ）数据

广西六万大山植物 / 广西壮族自治区林业科学研究院，广
西国有六万林场编著. -- 北京 : 中国林业出版社,2024.5
　ISBN 978-7-5219-2700-9

　Ⅰ. ①广… Ⅱ. ①广… ②广… Ⅲ. ①植物－广西－图谱
Ⅳ. ①Q948.526.7-64

中国国家版本馆CIP数据核字(2024)第092361号

策划编辑　李　敏
责任编辑　李　敏　王美琪

出版发行　中国林业出版社
　　　　　（100009，北京市西城区刘海胡同７号，电话 010-83143575）
网　　址　https://www.cfph.net
印　　刷　河北京平诚乾印刷有限公司
版　　次　2024 年 5 月第 1 版
印　　次　2024 年 5 月第 1 次印刷
开　　本　889mm×1194mm　1/16
印　　张　18.75
字　　数　480 千字
定　　价　198.00 元

《广西六万大山植物》

编委会

林草种质资源是生物多样性资源的重要组成部分，是开展林草品种选育的物质基础，是我国生态安全、粮食安全的基础保障，更是实现林业与草业可持续发展的重要基础性、战略性资源。广西壮族自治区林草种质资源丰富，为全面摸清广西林草种质资源的本底情况和动态变化，科学开展种质资源的收集、保存、开发利用和管理工作，广西壮族自治区林业局于2020年启动广西第一次林草种质资源普查与收集项目，由广西壮族自治区林业科学研究院实施。

广西六万大山位于玉林市福绵区、兴业县、博白县和钦州市浦北县，呈东北—西南走向，长约70km，宽30～40km。山体海拔大部分在500～800m，主峰葵扇顶，海拔1118m，位于浦北县六硍镇与玉林市福绵区交界处。六万大山由花岗岩侵入体构成，山体陡峻，流水切割强烈，沟谷众多；地处北回归线以南，属南亚热带季风气候，气候温和，光热丰富，雨量充沛，雨热同季，全年日照时数在1280小时以上，降雨季节分配不均，干湿季节明显，年平均气温为21～22℃，年降水量1500～1800mm，气候条件有利于植物的生长发育，地带性植被为南亚热带季风常绿阔叶林。

广西壮族自治区国有六万林场（简称"六万林场"）建于1951年，是广西壮族自治区林业局直属国有大型林场，属于公益二类事业单位，总场设在广西玉林市城区，是广西现代林业产业化龙头企业、广西森林经营示范林场、全国十佳林场和中国森林康养林场。六万林场地处玉林市福绵区、博白县、兴业县和钦州市浦北县交界处，属于六万大山的主体部分。

2022—2023 年，六万林场联合广西壮族自治区林业科学研究院，对六万大山植物资源开展了调查。在全面调查的基础上，经分析鉴定，目前已记录到维管植物 1121 种（含变种、品种等种下等级，下同），其中蕨类植物 75 种、裸子植物 19 种、被子植物 1027 种。按植物来源分类，野生植物 793 种，栽培植物 328 种。本书收录了六万大山 550 种常见植物，其中包括蕨类植物 44 种、裸子植物 10 种、被子植物 496 种。每种植物均简明扼要地介绍其名称、学名、科属、生活型、花果期、来源、生境、国内外分布、用途等信息，并附有反映其典型特征的照片。

本书植物排序原则：蕨类植物按秦仁昌 1978 年系统编排，裸子植物按郑万钧 1977 年系统编排，被子植物按哈钦松系统（1926 年及 1934 年）编排；同一科的物种按属、种学名的字母顺序排列，以便将亲缘关系相近的物种排在一起。本书物种的中文名，原则上参照《中国植物志》，学名在参照《中国植物志》和《Flora of China》的同时，也参考了最新资料，对部分种类进行了考订。

本书是"广西第一次林草种质资源普查与收集"项目成果的一部分，得到了广西壮族自治区林业局的大力支持、广西壮族自治区林业种苗站的具体指导，野外调查与书稿编写过程中还得到玉林市林业局、广西壮族自治区国有高峰林场、广西大学的支持和帮助，在此表示衷心的感谢。

由于时间仓促，野外调查区域尚有未能到达之处，加之作者水平有限，书中的疏漏和不足之处在所难免，敬请读者批评指正。

编著者

2024 年 4 月

目录

垂穗石松
石松科　垂穗石松属

Palhinhaea cernua (Linn.) Vasc. et Franco

蕨类，主茎直立，高达 60cm。野生。生于林下、岩石上；分布于湖南及华东、华南、西南地区；全球热带和亚热带也有分布。全株药用；栽植观赏。

深绿卷柏
卷柏科　卷柏属

Selaginella doederleinii Hieron.

蕨类，基部横卧，高 25~45cm。野生。生于阴湿林下；分布于长江以南各地区；日本、印度、越南、泰国、马来西亚也有分布。全株药用；宜盆栽观赏。

翠云草 卷柏科 卷柏属
Selaginella uncinata (Desv.) Spring

蕨类，长 50~100cm。野生。生于阴湿林下；分布于安徽、福建、湖北、湖南、江西、陕西、浙江及华南、西南地区。室内观叶植物。中国特有种，国外多为栽培。

笔管草 木贼科 木贼属
Equisetum ramosissimum subsp. *debile* (Roxb. ex Vauch.) Hauke

中型直立蕨类，高达 60cm。野生。生于山坡、平原、荒地；分布于甘肃、山东及黄河以南各地区；日本、印度及东南亚也有分布。栽植园林观赏；固沙植物。

福建观音座莲
莲座蕨科　观音座莲属
Angiopteris fokiensis Hieron.

蕨类，植株高达 1.5m。野生。生于溪边林下；分布于福建、湖北、贵州、广东、广西、香港；日本也有分布。根状茎药用；栽植于庭院、盆栽观赏。国家二级重点保护野生植物，中国特有种。

紫萁
紫萁科　紫萁属
Osmunda japonica Thunb.

蕨类，植株高 50~80cm。野生。生于林下或溪边；分布于秦岭以南各地；越南、印度、日本也有分布。嫩叶为野菜；根茎药用；观叶蕨类；酸性土壤指示植物。

华南紫萁 紫萁科 紫萁属

Osmunda vachellii Hook.

蕨类，植株高 80~100cm。野生。生于草坡或溪边酸性土壤；分布于香港、海南、广西、广东、福建、贵州、云南；印度、缅甸、越南也有分布。根茎及叶柄的髓部药用；观叶蕨类。

芒萁 里白科 芒萁属

Dicranopteris pedata (Houtt.) Nakaike

蕨类，植株高 0.5~1.2m。野生。生于山坡、疏林下；分布于长江以南各地区；日本、印度、越南也有分布。全草药用；酸性土壤指示植物。

中华里白 里白科 里白属
Diplopterygium chinense (Rosenstock) De Vol

蕨类，植株高约 3m。野生。生于山谷溪边或林中；分布于福建、广东、广西、贵州、四川；越南也有分布。根茎药用；观叶蕨类。

曲轴海金沙 海金沙科 海金沙属
Lygodium flexuosum (Linn.) Sw.

攀缘蕨类，植株高攀达 7m。野生。生于疏林中；分布于广东、海南、广西、贵州、云南；澳大利亚及东南亚也有分布。全草药用；园林垂直绿化蕨类。

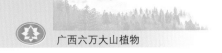

海金沙

海金沙科　海金沙属

Lygodium japonicum (Thunb.) Sw.

攀缘蕨类，植株高攀达 1~4m。野生。生于疏林、灌丛中；分布于湖南、贵州、四川、云南、陕西及华东、华南地区；朝鲜、日本、印度、澳大利亚也有分布。全草药用；园林垂直绿化蕨类。

小叶海金沙

海金沙科　海金沙属

Lygodium microphyllum (Cav.) R. Br.

攀缘蕨类，植株蔓攀高达 5~7m。野生。生于溪边灌丛；分布于福建、台湾、广东、香港、海南、广西、云南；印度、缅甸、菲律宾也有分布。全草药用；园林垂直绿化蕨类。

金毛狗 蚌壳蕨科 金毛狗属
Cibotium barometz (Linn.) J. Sm.

大型蕨类，植株高 1~3m。野生。生于山谷沟边、林下；分布于云南、贵州、四川、福建、浙江、江西、台湾、广西、广东、海南、湖南；东南亚也有分布。根状茎药用；茎上茸毛止血；观叶蕨类。国家二级重点保护野生植物。

大叶黑桫椤 桫椤科 桫椤属
Alsophila gigantea Wall. ex Hook.

大型蕨类，有主干，植株高 2~5m，径达 20cm。野生。生于密林下阴湿处；分布于云南、广西、广东、海南；日本、尼泊尔、印度及东南亚也有分布。观叶蕨类。国家二级重点保护野生植物。

桫椤 桫椤科 桫椤属
Alsophila spinulosa (Wall. ex Hook.) R. M. Tryon

树状蕨类，茎干直立，高达 6m 或更高。野生。生于山谷溪旁、疏林中；分布于华东地区南部及西南、华南地区；日本及南亚、东南亚也有分布。观叶蕨类。国家二级重点保护野生植物。

华南鳞盖蕨 碗蕨科 鳞盖蕨属
Microlepia hancei Prantl

中型蕨类，植株高达 1.2m。野生。生于林下溪边湿地；分布于福建、台湾、广东、香港、海南；日本、印度、越南也有分布。全草药用。

团叶鳞始蕨 鳞始蕨科 鳞始蕨属
Lindsaea orbiculata (Lam.) Mett.

蕨类，植株高达 30cm。野生。生于低山、河谷；
分布于浙江、台湾、福建、江西、湖南、广东、
香港、海南、广西、贵州、四川、云南；热带亚洲、
大洋洲也有分布。

乌蕨 鳞始蕨科 乌蕨属
Odontosoria chinensis (L.) J. Sm.

蕨类，植株高达 65cm。野生。生于林下或灌丛中阴湿地；分布于湖南、湖北及华东、华南、西南地区；
马达加斯加及热带亚洲也有分布。全草药用；栽植盆栽观赏。

蕨 蕨科 蕨属

Pteridium aquilinum var. *latiusculum* (Desv.) Underw. ex Heller

蕨类,植株高达 1m。野生。生于山地阳坡、林缘,分布于我国南北各地;世界热带及温带地区广布。根状茎淀粉可食;根状茎纤维制绳缆;嫩叶为野菜;全草药用。

栗蕨 凤尾蕨科 栗蕨属

Histiopteris incisa (Thunb.) J. Sm.

蕨类,植株高 1~2m。野生。生于山坡、溪边林下;分布于台湾、广东、海南、广西、云南;世界热带、亚热带地区广布。

剑叶凤尾蕨 凤尾蕨科 凤尾蕨属
Pteris ensiformis Burm.

蕨类，植株高 24~60cm。野生。生于林下或溪边酸性土壤；分布于浙江、江西、福建、台湾、广东、广西、贵州、四川、云南；日本、印度、澳大利亚及波利尼西亚、东南亚也有分布。全草药用；酸性土壤指示植物。

傅氏凤尾蕨 凤尾蕨科 凤尾蕨属
Pteris fauriei Hieron.

蕨类，植株高 0.5~1m。野生。生于林下或沟边酸性土壤；分布于台湾、浙江、福建、江西、湖南、广东、广西、云南；越南、日本也有分布。全草药用；嫩叶为野菜；老叶晒干泡茶。

井栏边草 凤尾蕨科　凤尾蕨属

Pteris multifida Poir.

蕨类，植株高 20~85cm。野生。生于墙壁、井边缝隙、灌丛下；分布于河北、陕西、四川、贵州及华中、华东、华南地区；越南、菲律宾、韩国、日本也有分布。全草药用。

半边旗 凤尾蕨科　凤尾蕨属

Pteris semipinnata L. Sp.

蕨类，植株高 35~120cm。野生。生于山坡疏林、溪边；分布于台湾、福建、江西、广东、广西、湖南及西南地区；日本、菲律宾、印度及东南亚也有分布。全草药用。

蜈蚣凤尾蕨

凤尾蕨科　凤尾蕨属

Pteris vittata L.

蕨类，植株高 0.2~1.5m。野生。生于石隙或墙壁上；分布于长江以南各地区；热带、亚热带亚洲其他地区也有分布。富砷蕨类植物；钙质土和石灰岩指示植物。

扇叶铁线蕨

铁线蕨科　铁线蕨属

Adiantum flabellulatum L.

蕨类，植株高 20~45cm。野生。生于阳光充足的酸性土壤山坡；分布于台湾、福建、江西、广东、海南、湖南、浙江、广西、贵州、四川、云南；热带亚洲也有分布。全草药用；酸性土壤指示植物。

菜蕨 蹄盖蕨科 菜蕨属
Callipteris esculenta (Retz.) J. Sm. ex Moore et Houlst.

蕨类，根状茎直立高达 15cm。野生。生于山谷林下、沟边；分布于江西、安徽、台湾、湖南、四川、贵州、云南及华南地区；波利尼西亚及印度尼西亚也有分布。嫩叶为野菜。

单叶双盖蕨 蹄盖蕨科 对囊蕨属
Deparia lancea (Thunberg) Fraser-Jenkins

中型蕨类，植株高 15~40cm。野生。生于溪旁林下酸性土壤或岩石上；分布于河南、江苏、安徽、浙江、江西、福建、台湾、湖南、广东、海南、广西、四川、贵州、云南；日本、尼泊尔、印度及东南亚也有分布。全草药用。

毛柄短肠蕨 蹄盖蕨科　双盖蕨属

Diplazium dilatatum Blume

大型蕨类，植株高 1~1.5m，直立茎高可达 50cm。野生。生于阴湿阔叶林下；分布于福建、浙江、台湾及西南、华南地区；尼泊尔、印度、澳大利亚及东南亚也有分布。根茎药用。

华南毛蕨 金星蕨科　毛蕨属

Cyclosorus parasiticus (L.) Farwell.

蕨类，植株高达 70cm。野生。生于山谷密林或溪边湿地；分布于浙江、福建、台湾、广西、广东、海南、湖南、江西、重庆、云南；日本、韩国、印度（锡金）、尼泊尔及东南亚也有分布。全草药用；栽植观赏。

普通针毛蕨 金星蕨科 针毛蕨属
Macrothelypteris torresiana (Gaud.) Ching

中型蕨类，植株高 0.6~1.5m。野生。生于山谷潮湿处；分布于长江以南各地区；缅甸、尼泊尔、不丹、印度、越南、日本、菲律宾、印度尼西亚、澳大利亚也有分布。

红色新月蕨 金星蕨科 新月蕨属
Pronephrium lakhimpurense (Rosenst.) Holttum

蕨类，植株高达 1.5m。野生。生于山谷或沟边林下；分布于福建、江西、广东、广西及西南地区；印度、越南、泰国也有分布。根茎药用。

三羽新月蕨 金星蕨科 新月蕨属
Pronephrium triphyllum (Sw.) Holtt.

蕨类，植株高 20~50cm。野生。生于林下；分布于台湾、福建、广东、香港、广西、云南；泰国、缅甸、印度、斯里兰卡、马来西亚、印度尼西亚、日本、韩国、澳大利亚也有分布。

乌毛蕨 乌毛蕨科 乌毛蕨属
Blechnum orientale L.

大型蕨类，株高 1~2m。野生。生于山坡灌丛、疏林、沟边；分布于湖南、广西、广东、海南及华东、西南地区；印度、日本及东南亚也有分布。根茎药用；幼叶为野菜；栽植观赏。

狗脊

乌毛蕨科　狗脊属

Woodwardia japonica (Linn. f.) Sm.

大型蕨类，植株高0.8~1.2m。野生。生于疏林下；广布于长江以南各地区；朝鲜、日本也有分布。根茎药用；根状茎富含淀粉可酿酒，亦可作土农药。

镰羽贯众

鳞毛蕨科　贯众属

Cyrtomium balansae (Christ) C. Chr.

蕨类，植株高25~60cm。野生。生于山谷溪旁、林下；分布于长江以南各地区（除云南）；日本、越南也有分布。根茎药用。

黑足鳞毛蕨 鳞毛蕨科 鳞毛蕨属
Dryopteris fuscipes C. Chr.

中型蕨类，植株高 50~80cm。野生。生于山坡林下、路旁；分布于长江以南各地区；日本、朝鲜、越南也有分布。全草药用。

肾蕨 肾蕨科 肾蕨属
Nephrolepis cordifolia (L.) C. Presl

蕨类，植株高 40~70cm。野生。生于溪边林下；分布于浙江、福建、台湾、湖南及西南、华南地区；泰国、越南、马来西亚也有分布。块茎可食用、药用；栽植观赏。

圆盖阴石蕨 骨碎补科　阴石蕨属
Davallia griffithiana Hook.

附生蕨类，植株高达 40cm。野生。附生于林中树干上；分布于华东、华南地区；越南、老挝也有分布。根状茎药用；宜盆栽观赏。

伏石蕨 水龙骨科　伏石蕨属
Lemmaphyllum microphyllum C. Presl

小型附生蕨类。野生。附生林中树干或岩石上；分布于台湾、浙江、福建、江西、安徽、江苏、湖北、广东、广西、云南；越南、朝鲜、日本也有分布。全草药用。

江南星蕨
水龙骨科　星蕨属

Microsorum fortunei (T. Moore) Ching

附生蕨类，植株高 0.3~1m。野生。生于林下溪边岩石或树干上；分布于长江流域及以南各地区；马来西亚、不丹、缅甸、越南也有分布。全草药用；园林绿化植物。中国特有种。

贴生石韦
水龙骨科　石韦属

Pyrrosia adnascens (Sw.) Ching

小型附生蕨类，植株高 5~12cm。野生。附生于树干或岩石上；分布于台湾、福建、广东、海南、广西、云南；柬埔寨、印度、尼泊尔、泰国、越南也有分布。全草药用。

21

石韦 水龙骨科 石韦属
Pyrrosia lingua (Thunb.) Farwell

附生蕨类，植株高10~30cm。野生。附生于低海拔林中树干上，分布于长江以南各地区；印度、越南、朝鲜、日本也有分布。全草药用。

槲蕨 槲蕨科 槲蕨属
Drynaria roosii Nakaike

附生蕨类，植株高25~40cm。野生。附生于树干或岩石上，分布于长江流域及以南各地区；越南、老挝、柬埔寨、泰国、印度也有分布。根状茎药用。广西重点保护野生植物。

苏铁 苏铁科　苏铁属

Cycas revoluta Thunb.

灌木状，高 1~3m。花期 6~7 月；种子 10 月成熟。栽培。我国各地广泛栽培；全世界广为栽培。园林观赏植物；茎内淀粉可食用；种子含油、淀粉，微毒，可药用。

银杏 银杏科　银杏属

Ginkgo biloba L.

落叶乔木，高达 40m。花期 3~4 月；种子 9~10 月成熟。栽培。仅天目山有野生，我国各地均有栽培；朝鲜、日本及欧美各国也有栽培。珍贵用材树种；种子可食用（多食中毒）、药用；观叶植物。中国特有种。

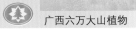
异叶南洋杉 南洋杉科　南洋杉属
Araucaria heterophylla (Salisb.) Franco

乔木，高可达 50m，胸径可达 1.5m。花期不定。栽培。我国长江流域以南各地区均有栽培；原产大洋洲诺和克岛，巴西、智利也有分布。常作行道树；茎干材用。外来植物。

油杉 松科　油杉属
Keteleeria fortunei (Murr.) Carr.

乔木，高达 30m。花期 3~4 月；球果 10 月成熟。栽培。生于海拔 1200m 以下山地；分布于浙江、福建、广东、广西。茎干材用；常作园林绿化树。中国特有种。

马尾松 松科 松属
Pinus massoniana Lamb.

乔木，高达 45m。花期 4~5 月；球果翌年 10~12 月成熟。野生 + 栽培。生于海拔 1500m 以下山地，分布于华南、华东、华中地区；越南有栽培。茎干材用；松脂制松香；松香、松叶药用。

柳杉 杉科 柳杉属
Cryptomeria japonica var. *sinensis* Miquel

乔木，高达 40m。花期 4 月；球果 10 月成熟。栽培。生于海拔 1100m 以下山地；分布于浙江、福建、江苏、安徽、四川、贵州、云南、广西、广东及华中地区。木材造纸；园林绿化树。中国特有种。

杉木 杉科 杉木属
Cunninghamia lanceolata (Lamb.) Hook.

乔木，高达 30m。花期 4 月；球果 10 月成熟。栽培。产于陕西，现我国长江流域、秦岭以南各地广泛栽培；越南也有栽培。速生用材树种；树皮可提栲胶。中国特有种。

落羽杉 杉科 落羽杉属
Taxodium distichum (L.) Rich.

落叶乔木。花期 3 月；球果 10 月成熟。栽培。原产北美，现我国云南、四川、贵州及华东、华中、华南地区均有栽培；全世界热带、亚热带地区也有分布。茎干材用；栽植水边观赏。外来植物。

罗汉松 罗汉松科 罗汉松属
Podocarpus macrophyllus (Thunb.) Sweet

乔木，高达 20m。花期 4~5 月；种子 8~9 月成熟。栽培。分布于长江以南各地区，多为栽培；日本、缅甸也有分布。木材制农具；栽植观赏。

南方红豆杉 红豆杉科 红豆杉属
Taxus wallichiana var. *mairei* (Lemée & H. Lév.) L. K. Fu & Nan Li

乔木，高达 16m。花期 3~4 月；种子 10 月成熟。栽培。生于海拔 1200m 以下山地，分布于长江中下游及以南各地区，多为栽培；印度、缅甸、老挝、越南也有分布。茎干材用，材质坚硬；种子药用。

白兰 木兰科　含笑属
Michelia × *alba* DC.

乔木，高达 17m。花期 4~9 月，不结实。栽培。原产印度尼西亚爪哇岛，我国福建、广东、广西、云南、海南广泛栽培。栽植观赏；行道树；鲜叶和花制香精；花薰茶；根皮药用。外来植物。

含笑花 木兰科　含笑属
Michelia figo (Lour.) Spreng.

灌木，高 2~3m。花期 3~5 月；果期 7~8 月。栽培。生于阴坡杂木林；原产华南地区，现广植于全国各地。常作观赏植物。花瓣可制花茶、提芳香油、药用。

醉香含笑（火力楠）
木兰科　含笑属
Michelia macclurei Dandy

乔木，高达 30m。花期 3~4 月；果期 9~11 月。栽培。生于海拔 1000m 以下密林；分布于广东、海南、广西、云南；越南也有分布。优质用材树种；花可提精油；常作园林绿化树。

八角
八角科　八角属
Illicium verum Hook. f.

乔木，高 10~15m。花期 3~5 月和 8~10 月；果期 9~10 月和翌年 3~4 月。栽培。生于海拔 1600m 山地；分布于广西、广东、贵州、云南，多为栽培；越南、柬埔寨、缅甸、印度尼西亚、菲律宾也有分布。茎干材用；果为调味香料；果皮、种子、叶提芳香油；叶和果药用。

黑老虎 五味子科 南五味子属
Kadsura coccinea (Lem.) A. C. Smith

木质藤本。花期 4~7 月；果期 7~11 月。野生。生于海拔 2000m 以下林中；分布于长江以南各地区；越南也有分布。藤条用于编制；根药用；果实作野果。

假鹰爪 番荔枝科 假鹰爪属
Desmos chinensis Lour.

直立或攀缘灌木。花期 4~10 月；果期 6~12 月。野生。生于林缘灌丛、旷地、荒野、山谷；分布于我国南方各地；东南亚也有分布。根、叶药用；茎皮纤维造棉、造纸；栽植观赏。

天堂瓜馥木

番荔枝科　瓜馥木属

Fissistigma tientangense Tsiang et P. T. Li

攀缘灌木，长达 9m。花期 3~11 月；果期 7~12 月。野生。生于山谷林中；分布于云南、广西、海南。

紫玉盘

番荔枝科　紫玉盘属

Uvaria macrophylla Roxb.

直立或攀缘灌木，长达 15m。花期 3~8 月；果期 7 月至翌年 3 月。野生。生于山地灌丛或疏林；分布于福建、云南、广西、广东、海南、台湾；东南亚也有分布。根药用；栽植观赏。

毛黄肉楠 樟科 黄肉楠属

Actinodaphne pilosa (Lour.) Merr.

乔木或灌木，高4~12m。花期8~12月；果期翌年2~3月。野生。生于旷野林中；分布于广东、广西、海南、云南；越南、老挝也有分布。木材提胶质；树皮、叶药用。

无根藤 樟科 无根藤属

Cassytha filiformis L.

寄生缠绕草本，具盘状吸根。花果期5~12月。野生。生于山坡灌木丛或疏林中；分布于云南、贵州、广西、广东、湖南、江西、浙江、福建、台湾；全世界热带地区也有分布。寄生植物；全草药用；全草制造纸糊料。

阴香 樟科 樟属

Cinnamomum burmannii (C. G. et Th. Nees) Bl.

乔木，高达 14m。花期 10 月至翌年 2 月；果期 12 月至翌年 4 月。栽培。生于海拔 1400m 以下林中；分布于广东、广西、云南、福建；东南亚也有分布。茎干材用；树皮、叶、根药用；树皮、叶作香料；常作观赏树、行道树。

樟（樟树、香樟） 樟科 樟属

Cinnamomum camphora (Linnaeus) J. Presl

乔木，高达 30m。花期 4~5 月；果期 8~11 月。野生 + 栽培。生于山坡、沟谷；分布于长江以南各地区；越南、朝鲜、日本也有分布。茎干材用、木材有香气；全株可提取樟脑和樟油；种子榨油工业用；根、果、枝和叶药用；常作观赏树、行道树。

肉桂 樟科 樟属

Cinnamomum cassia Nees ex Blume

乔木，植株高 8~15m。花期 6~8 月；果期 10~12 月。栽培。原产我国，现广东、广西、福建、台湾、云南广为栽培；印度、老挝、越南、印度尼西亚也有栽培。茎干材用；全株制桂油，为珍贵香料；茎皮作香料；茎皮药用。

黄樟 樟科 樟属

Cinnamomum parthenoxylon (Jack) Meissn

乔木，高 10~20m。花期 3~5 月；果期 4~10 月。野生。生于山坡林中、路旁；分布于广东、广西、福建、江西、湖南、贵州、四川、云南；巴基斯坦、印度、马来西亚、印度尼西亚也有分布。茎干材用，木材有樟脑气味；全株可蒸樟油和提制樟脑；种子可提油脂。

乌药 樟科　山胡椒属

Lindera aggregata (Sims) Kosterm.

灌木或小乔木，高可达5m。花期3~4月；果期5~11月。野生。生于疏林灌丛；分布于浙江、江西、福建、安徽、湖南、广东，广西、台湾；越南、菲律宾也有分布。根药用；果实、根、叶提芳香油制香皂；根、种子磨粉可杀虫。

香叶树 樟科　山胡椒属

Lindera communis Hemsl.

灌木或乔木，高3~10m。花期3~4月；果期9~10月。野生。生于常绿阔叶林中；分布于陕西、甘肃及华中、华东、华南、西南地区；越南、老挝、缅甸也有分布。叶片作香料；种子榨油制香料；枝叶药用；常作园林绿化树。

山鸡椒（山苍子）
樟科　木姜子属
Litsea cubeba (Lour.) Pers.

落叶灌木或小乔木，高达 8~10m。花期 2~3 月；果期 7~8 月。野生。生于向阳灌丛或疏林中，分布于长江以南各地区；泰国、缅甸、越南也有分布。花、叶和果皮可提制柠檬醛用于医药、香精原料；种子榨油食用；全株药用。

潺槁木姜子
樟科　木姜子属
Litsea glutinosa (Lour.) C. B. Rob.

小乔木或乔木，高 3~15m。花期 5~6 月；果期 9~10 月。野生。生于山地林缘、溪旁、疏林、灌丛；分布于广东、广西、福建、云南；越南、菲律宾、印度也有分布。茎干材用；树皮和木材含胶质作黏合剂；种子榨油制皂和硬化油；根皮和叶药用。

假柿木姜子 樟科 木姜子属
Litsea monopetala (Roxb.) Pers.

乔木，高达 18m。花期 11 月至翌年 5 月；果期 6~7 月。野生。生于阳坡灌丛或疏林；分布于广东、广西、海南、贵州、云南；印度、巴基斯坦及东南亚也有分布。茎干材用；种子榨油工业用；叶药用。

红楠 樟科 润楠属
Machilus thunbergii Sieb. et Zucc.

乔木，通常高 10~20m。花期 2~5 月；果期 5~7 月。野生。生于山地阔叶混交林中，分布于山东、江苏、浙江、安徽、台湾、福建、江西、湖南、广东、广西；日本、朝鲜也有分布。茎干材用；叶提芳香油；种子榨油工业用；树皮药用，可作褐色染料和熏香。

檫木 <small>樟科 檫木属</small>

Sassafras tzumu (Hemsl.) Hemsl.

落叶乔木，高可达 35m。花期 3~4 月；果期 5~9 月。野生。生于疏林或密林；分布于黄河以南各地。茎干材用；根和树皮药用；叶、果、根提芳香油。

小花青藤 <small>莲叶桐科 青藤属</small>

Illigera parviflora Dunn

木质藤本，长达 8m。花期 5~10 月；果期 11~12 月。野生。生于山谷、溪边的密林、疏林、灌丛；分布于贵州、广西、广东、福建；越南、马来西亚也有分布。根药用。

禺毛茛 毛茛科 毛茛属
Ranunculus cantoniensis DC.

多年生草本，茎直立，高 25~80cm。花果期 4~7 月。野生。生于沟旁水湿地；分布于长江中下游及以南各地区；印度、越南、朝鲜、日本也有分布。全草药用，有毒。

莲（荷花） 睡莲科 莲属
Nelumbo nucifera Gaertn.

多年生水生草本。花期 6~8 月；果期 8~10 月。栽培。生于池塘、水沟；分布于我国南北各地；朝鲜、日本、印度、越南也有分布。根状茎作蔬菜或提淀粉（藕粉）；种子食用；全株药用；叶可作代茶饮。

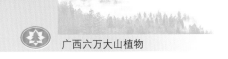

粉叶轮环藤
防己科　轮环藤属
Cyclea hypoglauca (Schauer) Diels

藤本。花期为 5~7 月；果期为 7~9 月。野生。生于灌丛、林缘；分布于湖南、江西、福建、云南、广西、广东、海南；越南也有分布。全株药用；作垂直绿化或栽植盆栽观赏。

细圆藤
防己科　细圆藤属
Pericampylus glaucus (Lam.) Merr.

木质藤本，长达 10m。花期 4~6 月；果期 9~10 月。野生。生于灌丛、林缘；分布于长江流域及以南各地区；东南亚也有分布。全株药用；枝条编织藤器；园林垂直绿化植物。

粪箕笃 防己科 千金藤属
Stephania longa Lour.

藤本，长1~4m。花期夏季，果期秋季。野生。生于灌丛中或林缘；分布于云南、广西、广东、海南、福建、台湾。全草药用。

中华青牛胆 防己科 宽筋藤属（青牛胆属）
Tinospora sinensis (Lour.) Merr.

落叶藤本，长达20m。花期4月；果期5~6月。野生。生于林中；分布于云南、广东、广西、海南；斯里兰卡、印度也有分布。茎藤药用。

华南胡椒

胡椒科　胡椒属

Piper austrosinense Tseng

木质攀缘藤本。花期4~6月。野生。生于林中攀缘树上或石上；分布于广西、广东、海南。全草药用。

变叶胡椒

胡椒科　胡椒属

Piper mutabile C. DC.

攀缘藤本。花期6~8月。野生。生于山谷、水旁疏林；分布于广东、广西；越南也有分布。全草药用。

假蒟（假蒌） 胡椒科　胡椒属
Piper sarmentosum Roxb.

多年生草本或亚灌木，长达 10m，高 50~100cm。花期 4~11 月。野生 + 栽培。生于林下或水旁湿地；分布于福建、广东、广西、云南、贵州、西藏；印度及东南亚也有分布。根、叶、果穗药用；茎叶可食，也作调味香料。

草胡椒 胡椒科　草胡椒属
Peperomia pellucida (Linn.) Kunth

一年生肉质草本，高 20~40cm。花期 4~7 月。野生。生于林下湿地、石缝、宅舍墙脚；分布于福建、广东、广西、云南、海南；原产热带美洲，现广布于各热带地区。嫩叶为野菜；全草药用。外来植物，已野化为田间野草。

蕺菜（鱼腥草）

三白草科　蕺菜属

Houttuynia cordata Thunb.

多年草本，高 30~60cm。花期 4~8 月；果期 6~10 月。野生 + 栽培。生于沟边、溪边或林下湿地；分布于我国中部、东南至西南各地；东亚、东南亚也有分布。全株药用；嫩根茎为野菜。

草珊瑚

金粟兰科　草珊瑚属

Sarcandra glabra (Thunb.) Nakai

亚灌木，高 50~120cm。花期 6 月；果期 8~10 月。野生 + 栽培。生于林下阴湿处；分布于长江以南各地区；朝鲜、日本及东南亚也有分布。全株药用。

北越紫堇 紫堇科　紫堇属

Corydalis balansae Prain

丛生草本，高 30~50cm。野生。生于沟边湿地；分布于云南、贵州、湖南、湖北及华南、华东地区；日本、越南、老挝也有分布。全草药用。

黄花草 白花菜科　黄花草属

Arivela viscosa (L.) Raf.

一年生直立草本，高 20~100cm。花果期全年。野生。生于荒地、路旁；分布于安徽、浙江、江西、福建、台湾、湖南、广东、广西、海南、云南；东南亚也有分布。全草药用。

荠 十字花科 荠属
Capsella bursa-pastoris (L.) Medic.

一至二年生草本，高 7~50cm。花果期 4~6 月。野生。为常见杂草，遍布全国各地；亦广布于全球温带地区。全草药用；茎叶可食；种子榨油工业用。外来植物。

碎米荠 十字花科 碎米荠属
Cardamine hirsuta L.

一年生小草本，高 15~35cm。花期 2~4 月；果期 4~6 月。野生。为常见杂草，遍布全国各地；亦广布于全球温带地区。全草药用；茎叶可食。

蔊菜 十字花科 蔊菜属
Rorippa indica (L.) Hiern

一至二年生直立草本，高 20~40cm。花期 4~6 月；果期 6~8 月。野生。生于荒地、路旁；分布于四川、陕西、江西及东南沿海、华中地区；印度及东南亚也有分布。全草药用；嫩叶为野菜。

七星莲 堇菜科 堇菜属
Viola diffusa Ging.

一年生草本。花期 3~5 月；果期 5~8 月。野生。生于山地林下、草坡、溪谷石隙；分布于浙江、台湾、四川、云南、西藏；印度、马来西亚、日本及东南亚也有分布。全草药用。

紫花地丁
菫菜科　菫菜属

Viola philippica Cav.

多年生草本，无地上茎，高 4~20cm。花果期 4~9 月。野生。为常见杂草，几乎遍布全国各地；朝鲜、日本也有分布。全草药用；嫩叶为野菜。

菫菜
菫菜科　菫菜属

Viola verecunda A. Gray

多年生草本，高 5~20cm。花果期 5~10 月。野生。生于山坡灌丛、路边、旷野；分布于东北、华北、长江流域以南各地区；东南亚也有分布。全草药用；幼苗、嫩叶为野菜；常作地被。

黄花倒水莲 远志科 远志属
Polygala fallax Hemsl.

灌木或小乔木，高1~3m。花期5~8月；果期8~10月。野生。生于山谷林下、水边；分布于江西、福建、湖南、广东、广西、云南。根药用，也可鲜用或炖汤用。

齿果草 远志科 齿果草属
Salomonia cantoniensis Lour.

一年生直立草本，高5~25cm。花期7~8月；果期8~10月。野生。生于林缘；分布于华东、华中、华南和西南地区；印度、澳大利亚及东南亚也有分布。全草药用。

荷莲豆草　石竹科　荷莲豆草属
Drymaria cordata (Linnaeus) Willdenow ex Schultes

一年生匍匐草本，长达 90cm。花期 4~10 月；果期 6~12 月。野生。生于林缘、路旁；分布于西藏及黄河以南各地；日本、印度、斯里兰卡、阿富汗也有分布。全草药用。

鹅肠菜　石竹科　鹅肠菜属
Myosoton aquaticum (Linn.) Moench

多年生草本，长 50~80cm。花期 5~8 月；果期 6~9 月。野生。为常见杂草，分布于我国南北各地；北非及北半球温带、亚热带各地均有分布。全草药用。

雀舌草
石竹科　繁缕属
Stellaria alsine Grimm

一年生草本，高 15~35cm。花期 5~6 月；果期 7~8 月。野生。生于田间、溪旁、潮湿地；分布于东北、华东、华南、西南地区；广布于全球温带地区。全草药用。

粟米草
粟米草科　粟米草属
Trigastrotheca stricta (L.) Thulin

一年生草本，高达 30cm。花期 6~8 月，果期 8~10 月。野生。生于旷地、农田、海岸沙地；分布于秦岭—黄河以南各地；热带和亚热带亚洲地区也有分布。

马齿苋
马齿苋科　马齿苋属
Portulaca oleracea Linn.

一年生草本。花期 5~8 月；果期 6~9 月。野生。为常见杂草，分布于我国南北各地；广布全世界温带和热带地区。全草药用；嫩茎叶为野菜，也作饲料。

土人参
马齿苋科　土人参属
Talinum paniculatum (Jacq.) Gaertn.

一年生或多年生草本，高达 1m。花期 6~8 月；果期 9~11 月。野生。生于阴湿地，原产热带美洲；我国河南以南各地均有栽培或已野化。根、叶药用；栽植观赏。外来入侵植物。

荞麦 蓼科 荞麦属
Fagopyrum esculentum Moench

一年生草本，高 30~90cm。花期 5~9 月；果期 6~10 月。野生。生于荒地、路边；分布于我国南北各地；欧洲、亚洲各国也有分布。种子含淀粉，可食用；全草药用；蜜源植物。

何首乌 蓼科 何首乌属
Fallopia multiflora (Thunb.) Haraldson

多年生缠绕藤本，茎缠绕，长 2~4m。花期 8~9 月；果期 9~10 月。野生。生于山谷灌丛、山坡林下、沟边石隙；分布于陕西、甘肃及华东、华南、东北地区；日本也有分布。块根药用。

火炭母 蓼科 蓼属
Polygonum chinense Linn.

多年生草本，高达 1m。花期 7~9 月；果期 8~10 月。野生。生于荒地、路边；分布于陕西、甘肃及华东、华中、华南、西南地区；日本、菲律宾、马来西亚、印度也有分布。根状茎药用。

水蓼 蓼科 蓼属
Polygonum hydropiper Linn.

一年生草本，高达 70cm。花期 5~9 月；果期 6~10 月。野生。生于河滩、水沟边、山谷湿地；分布于我国南北各地；印度、朝鲜、日本也有分布。全草药用；栽植于园林湿地、水边绿化。

酸模叶蓼 蓼科 蓼属

Polygonum lapathifolium Linn.

一年生草本，高 40~90cm。花期 6~8 月；果期 7~9 月。野生。生于路旁、水边、荒地；分布于我国南北各地；朝鲜、日本、蒙古、菲律宾、印度、巴基斯坦也有分布。叶、种子药用；嫩茎叶饲用。

杠板归 蓼科 蓼属

Polygonum perfoliatum Linn.

一年生攀缘草本，长达 2m。花期 6~8 月；果期 7~10 月。野生。生于田边、路旁、山谷湿地；分布于广西、广东、四川、湖南、贵州及华东地区；朝鲜、日本、印度尼西亚、菲律宾、印度、俄罗斯也有分布。茎叶药用。

习见蓼（习见萹蓄）
蓼科　蓼属
Polygonum plebeium R. Br.

一年生草本，高达 20cm。花期 5~8 月；果期 6~9 月。野生。生于田边、路旁、水边湿地；除西藏外，分布几乎遍布全国；日本、印度、澳大利亚也有分布。全草药用。

羊蹄（酸模）
蓼科　酸模属
Rumex japonicus Houtt.

多年生草本，高 40~100cm。花期 5~6 月；果期 6~8 月。野生。常见野草，分布遍布全国；朝鲜、日本、俄罗斯（远东）也有分布。根药用；嫩茎叶作蔬菜或饲料。

垂序商陆（美洲商陆）

商陆科　商陆属

Phytolacca americana Linn.

多年生草本，高 1~2m。花期 6~8 月；果期 8~10 月。野生。生于林缘、路旁、荒地，原产北美洲，除西北、东北地区外，我国其余各地均有栽培或已野化。根、种子、叶药用；全草制农药。外来入侵植物。

小藜

藜科　藜属

Chenopodium ficifolium Sm.

一年生草本，高 20~50cm。花期 4~5 月。野生。生于荒地、道旁，为常见杂草；除西藏外，分布几乎遍布全国各地；亚洲、欧洲、北美洲各国也有分布。

土荆芥　藜科　腺毛藜属

Dysphania ambrosioides (L.) Mosyakin et Clemants

一年或多年生草本，高 50~80cm，有强烈气味。花期 8~9 月；果期 9~10 月。野生。生于路旁、荒地；原产热带美洲，我国各地均有栽培，黄河以南各地有野生；广布于世界热带及温带地区。全草药用。外来入侵植物。

土牛膝　苋科　牛膝属

Achyranthes aspera Linn.

多年生草本，高 20~120cm。花期 6~8 月；果期 10 月。野生。生于疏林、旷地；分布于湖南、江西、福建、台湾、广东、广西、四川、云南、贵州；印度及东南亚也有分布。根药用。

喜旱莲子草（空心莲子草）

苋科　莲子草属
Alternanthera philoxeroides (Mart.) Griseb.

多年生草本。花期5~7月；果期8~10月。野生。生于池沼、水沟；分布几乎遍布全国；原产巴西。全草药用、饲用。外来入侵植物。

莲子草

苋科　莲子草属
Alternanthera sessilis (L.) R.Br. ex DC.

多年生草本，高10~45cm。花期5~7月；果期7~9月。野生。生于潮湿处；分布于华东、华中、华南和西南地区；印度、缅甸、越南也有分布。全草药用；嫩叶可食，也可作饲料。

繁穗苋（老鸦谷）苋科 苋属
Amaranthus cruentus Linnaeus

一年生草本，高达 2m。花期 6~7 月；果期 9~10 月。野生。生于空地、路旁；分布于我国南北各地；全世界广泛分布。根茎药用；茎叶为野菜、饲料；栽植观赏。外来入侵植物。

刺苋 苋科 苋属
Amaranthus spinosus Linn.

一年生草本，高 30~100cm。花果期 7~11 月。野生。生于旷地；分布于陕西、河南及华东、华南、西南地区；原产美洲，日本、印度、马来西亚、菲律宾也有分布。全草药用；嫩茎叶为野菜。外来入侵植物。

皱果苋 苋科 苋属
Amaranthus viridis L.

一年生草本，高 40~80cm。花期 6~8 月；果期 8~10 月。野生。生于旷地；分布于我国南北各地；原产非洲，现广布世界热带。嫩茎叶为野菜、饲料。全草药用。外来入侵植物。

青葙 苋科 青葙属
Celosia argentea L.

一年生草本，高 0.3~1m。花期 5~8 月；果期 6~10 月。野生。生于林缘、路边；分布于我国南北各地；朝鲜、日本、俄罗斯、印度、越南、缅甸、泰国、菲律宾、马来西亚也有分布。种子药用；嫩茎叶为野菜、饲料；观花植物。

落葵薯
落葵科　落葵薯属
Anredera cordifolia (Tenore) Steenis

缠绕藤本，长3m以上。花期6~10月。野生。生于村旁、路旁；分布于广西、广东、贵州、重庆、四川、云南、湖北、湖南、福建、香港；原产南美洲热带。芽、叶、根药用；嫩叶为野菜。外来入侵植物。

阳桃（杨桃）
酢浆草科　阳桃属
Averrhoa carambola Linn.

乔木，高可达12m。花期4~12月；果期7~12月。栽培。多栽培于庭院、村旁；广东、广西、福建、台湾、云南有栽培；原产马来西亚、印度尼西亚，现广植于热带各地。果实食用；根、皮、叶、果药用。外来植物。

酢浆草 酢浆草科 酢浆草属
Oxalis corniculata Linn.

一年生草本，高10~35cm。花果期2~9月。野生。常见杂草，广布于全国各地；几乎遍布全球。全草药用；茎、叶含草酸，牛羊多食会中毒。

红花酢浆草 酢浆草科 酢浆草属
Oxalis corymbosa DC.

多年生直立草本。花果期3~12月。野生。原产美洲热带地区，我国南北各地均有栽培或野生；广布全球暖温带、热带地区。全草药用；块茎可食。外来入侵植物。

绿萼凤仙花 凤仙花科 凤仙花属

Impatiens chlorosepala Hand. -Mazz.

一年生草本，高 30~40cm。花期 10~12 月。野生。生于山谷水边、溪旁疏林；分布于广东、广西、贵州、湖南。茎、叶药用；花形奇特，栽植观赏。

紫薇 千屈菜科 紫薇属

Lagerstroemia indica Linn.

落叶灌木或小乔木，高可达 7m。花期 6~9 月；果期 9~12 月。栽培。分布于华东、华中、华南与西南地区；现广植于世界热带地区。常作观赏树；木材坚硬、耐腐；树皮、叶、花、根药用。

大花紫薇 千屈菜科　紫薇属
Lagerstroemia speciosa (Linn.) Pers.

乔木，高可达 25m。花期 5~7 月；果期 10~11 月。栽培。分布于广东、广西、福建、云南；斯里兰卡、印度、马来西亚、越南、菲律宾也有分布。常作观赏树；木材坚硬，色红亮；树皮、叶可作泻药。外来植物。

圆叶节节菜 千屈菜科　节节菜属
Rotala rotundifolia (Buch.-Ham. ex Roxb.) Koehne

一年生草本。花果期 12 月至翌年 6 月。野生。生于水田中或湿地上，分布于长江以南各地区；印度、马来西亚、斯里兰卡、日本也有分布。全草饲用。

水龙 柳叶菜科 丁香蓼属
Ludwigia adscendens (Linn.) Hara

多年生浮水或上升草本。花期5~8月；果期8~11月。野生。生于水田、水塘；分布于长江以南各地区；印度、斯里兰卡、孟加拉国、巴基斯坦、印度尼西亚、澳大利亚也有分布。全草药用、饲用。

草龙 柳叶菜科 丁香蓼属
Ludwigia hyssopifolia (G. Don) Exell

一年生直立草本，高达2m。花果期几乎全年。野生。生于水边；分布于台湾、广东、香港、海南、广西、云南；印度、斯里兰卡、缅甸、菲律宾、澳大利亚也有分布。全草药用。

毛草龙 柳叶菜科 丁香蓼属
Ludwigia octovalvis (Jacq.) P. H. Raven

多年生直立草本，高达 2m。花期 6~8 月；果期 8~11 月。野生。生于水边；分布于江西、浙江、福建、台湾、广东、广西、香港、海南、云南；东南亚各国也有分布。全草药用。

丁香蓼 柳叶菜科 丁香蓼属
Ludwigia prostrata Roxb.

一年直立草本，高 25~60cm。花期 6~7 月；果期 8~9 月。野生。生于水边，分布于长江以南各地区；朝鲜、日本、印度至马来西亚也有分布。全草药用。

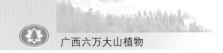

土沉香 瑞香科 沉香属
Aquilaria sinensis (Lour.) Spreng.

乔木，高 5~15m，树皮暗灰色。花期春夏；果期夏秋。栽培。生于低海拔山地、丘陵疏林；分布于广东、海南、广西、福建。沉香是香料原料；沉香药用；树皮纤维造纸、造棉；木材提芳香油；花制浸膏。

了哥王 瑞香科 荛花属
Wikstroemia indica (Linn.) C. A. Mey.

灌木，高 0.5~2m。花果期夏秋间。野生。生于丘陵草坡或灌丛中；分布于长江以南各地区；越南至印度也有分布。全株有毒，根、叶药用；茎皮纤维造纸。

光叶子花（三角梅） 紫茉莉科 叶子花属
Bougainvillea glabra Choisy

藤状灌木。南方花期 11 月至翌年 3 月，北方温室栽培花期 3~7 月。栽培。栽于庭院、公园；原产巴西、我国南北各地均有栽培。花药用；常作观赏植物。外来植物。

箣柊 大风子科 箣柊属
Scolopia chinensis (Lour.) Clos

灌木或小乔木，高 2~6m。花期 5~6 月；果期 9~12 月。野生。生于林中；分布于福建、广东、广西；印度、老挝、越南、马来西亚、泰国也有分布。常作绿篱、园林绿化。

绞股蓝
葫芦科　绞股蓝属
Gynostemma pentaphyllum (Thunb.) Makino

草质攀缘藤本。花期 3~11 月；果期 4~12 月。野生 + 栽培。生于路旁、林下；分布于陕西、长江以南各地区；日本、越南、印度、印度尼西亚也有分布。全草药用。

木鳖子
葫芦科　苦瓜属
Momordica cochinchinensis (Lour.) Spreng.

藤本，长达 15m。花期 6~8 月；果期 8~10 月。野生 + 栽培。生于林缘路旁；分布于长江以南各地区；东南亚各国也有分布。种子、根、叶药用。

两广栝楼 葫芦科 栝楼属

Trichosanthes reticulinervis C. Y. Wu ex S. K. Chen

藤本，长达 6m。花期 5~6 月；果期 7~8 月。野生。生于低海拔山地疏林；分布于广东、广西。

中华栝楼 葫芦科 栝楼属

Trichosanthes rosthornii Harms

藤本。花期 6~8 月；果期 8~10 月。野生。生于山坡、林缘；分布于甘肃、陕西、湖北、四川、贵州、广西、云南。根、果实药用。

钮子瓜

葫芦科 马㼎儿属

Zehneria bodinieri (H.Lév.) W.J.de Wilde & Duyfjes

藤本。花期 4~8 月；果期 8~11 月。野生。生于潮湿的林缘、山坡路旁；分布于江西、福建、广东、广西、四川、贵州、云南；日本及东南亚各国也有分布。

裂叶秋海棠

秋海棠科 秋海棠属

Begonia palmata D. Don

多年生草本，高 20~50cm。花期 8 月；果期 9 月开始。野生。生于阴湿石壁上；分布于台湾、福建、湖南、江西、贵州、四川、云南及华南地区；越南、缅甸也有分布。全草药用。

番木瓜 番木瓜科　番木瓜属
Carica papaya Linn.

软木质小乔木，高达 10m。花果期全年。栽培。栽于村边、路旁；原产热带美洲，现广泛栽培于福建、台湾、广东、广西、云南。果实为水果；种子可榨油；果、叶药用。外来植物。

长尾毛蕊茶 山茶科　山茶属
Camellia caudata Wall.

灌木或小乔木，高 2~8m。花期 10 月至翌年 3 月；果期 9~12 月。野生。生于常绿阔叶林中；分布于台湾、浙江、广东、广西、海南；越南、缅甸、印度、不丹、尼泊尔也有分布。嫩芽制茶。

红皮糙果茶（博白大果油茶）

山茶科　山茶属
Camellia crapnelliana Tutch.

乔木，高 5~12m。花果期 9~12 月。栽培。栽于步道旁；分布于香港、广西、福建、江西、浙江。种子可榨油食用；株形美观，树皮红色，花洁白，果硕大，作观赏植物。

山茶

山茶科　山茶属
Camellia japonica Linn.

灌木或小乔木，高可达 13m。花期 1~4 月；果期 9~10 月。栽培。我国全国各地广泛栽培，四川、台湾、山东、江西有野生；日本、朝鲜也有分布。园林观赏植物；花药用；种子榨油工业用。

油茶 山茶科 山茶属
Camellia oleifera Abel

灌木或小乔木，高1~8m。花期10月至翌年2月；果期翌年9~10月。栽培。长江流域及以南各地区广泛栽培；老挝、越南、缅甸也有分布。种子油食用、药用；果壳可提制栲胶、皂素、糠醛等；防火林带树种。

米碎花 山茶科 柃木属
Eurya chinensis R. Br.

灌木，高1~3m。花期11~12月；果期翌年6~7月。野生。生于低山灌丛、沟谷灌丛；分布于江西、福建、台湾、湖南、广东、广西；越南、缅甸、印度、斯里兰卡、印度尼西亚也有分布。

岗柃 山茶科 柃木属
Eurya groffii Merr.

灌木或小乔木，高 2~7m。花期 9~11 月；果期翌年 4~6 月。野生。生于林缘路旁、山地灌丛；分布于福建、广东、广西、海南及西南地区；越南、缅甸、印度尼西亚也有分布。叶药用。

木荷 山茶科 木荷属
Schima superba Gardn. et Champ.

乔木，高达 30m。花期 6~8 月；果期 8~12 月。野生＋栽培。生于海拔 1600m 以下常绿阔叶林中；分布于浙江、福建、台湾、江西、湖南、广东、海南、广西、贵州。木材制纱管、纱绽；树皮、树叶提栲胶；常作防火林带树、园林绿化树、行道树。

西南木荷（红木荷）

山茶科　木荷属

Schima wallichii Choisy

乔木，高达 30m。花期 7~8 月；果期翌年 2~3 月。野生。生于常绿阔叶林中；分布于云南、贵州、广西；印度、尼泊尔、越南、老挝、印度尼西亚也有分布。材质优良；常作防火林带树、园林绿化树、行道树。

条叶猕猴桃

猕猴桃科　猕猴桃属

Actinidia fortunatii Fin. et Gagn.

半常绿藤本。花期 4~6 月；果期 11 月。野生。生于低海拔山地林缘、灌丛；分布于湖南、广东、广西、贵州。果实可食用、药用。国家二级重点保护野生植物。中国特有种。

美丽猕猴桃 猕猴桃科 猕猴桃属
Actinidia melliana Hand.-Mazz.

半常绿藤本。花期 5~6 月；果期 8~11 月。野生。生于山地疏林中；分布于江西、湖南、广东、广西、海南。
果实食用。

水东哥 水东哥科 水东哥属
Saurauia tristyla DC.

灌木或小乔木，高 3~6m。花果期 3~12 月。野生。生于山地林下、灌丛；分布于广东、广西、云南、贵州；
印度至马来西亚也有分布。果实作野果食用；根、叶药用。

岗松 桃金娘科 岗松属
Baeckea frutescens Linn.

灌木，高 0.3~1.5m。花期 7~8 月；果期 9~11 月。野生。生于山坡酸性红壤；分布于江西、福建、台湾、广西、广东；东南亚也有分布。枝叶编扫帚、提芳香油、制栲胶；全草入药。

柠檬桉 桃金娘科 桉属
Eucalyptus citriodora Hook. f.

乔木，高达 28m。花期 4~9 月。栽培。原产澳大利亚，我国广东、广西、福建、台湾、四川有栽培。叶可提桉油；木材作枕木；栽植作行道树。外来植物。

番石榴 桃金娘科 番石榴属
Psidium guajava Linn.

灌木或小乔木，高 2~13m。花期 5~7 月；果期 6~9 月。栽培。原产美洲，我国南方各地均有栽培或已野化；印度、越南、马来西亚等也有分布。果食用；叶晒干代茶饮；叶、树皮药用。外来植物。

桃金娘 桃金娘科 桃金娘属
Rhodomyrtus tomentosa (Ait.) Hassk.

灌木，高 0.5~2m。花期 4~5 月；果实 7~8 月。野生。生于丘陵坡地酸性土壤；分布于台湾、福建、广东、广西、云南、贵州、湖南；印度至菲律宾、日本也有分布。可作观赏植物；果食用；全株药用。

乌墨（海南蒲桃）

桃金娘科　蒲桃属

Syzygium cumini (Linn.) Skeels

乔木，高 3~15m。花期 3~5 月；果期 6~9 月。野生＋栽培。生于低海拔疏林中；分布于台湾、福建、广东、广西、云南；越南、老挝、马来西亚、印度、印度尼西亚、澳大利亚也有分布。果实作野果；果、树皮药用；茎干材用；常作园林绿化树、行道树。

水翁蒲桃

桃金娘科　蒲桃属

Syzygium nervosum DC.

乔木，高达 15m。花期 5~6 月；果期 6~9 月。野生。喜生水边；分布于广东、广西、云南；东南亚也有分布。果食用；叶、花药用；木材优良；可作景观树。

81

柏拉木 野牡丹科 柏拉木属

Blastus cochinchinensis Lour.

灌木，高 0.6~3m，花期 6~8 月；果期 10~12 月。野生。生于海拔 200~1300m 的阔叶林中；分布于云南、广西、广东、福建、台湾；印度、越南也有分布。全株药用；茎根提栲胶。

地稔 野牡丹科 野牡丹属

Melastoma dodecandrum Lour.

披散或匍匐状半灌木，长 10~30cm。花期 5~7 月；果期 7~9 月。野生。生于酸性土壤山坡矮草丛；分布于长江以南各地区；越南也有分布。果为野果，可酿酒；全株药用。

野牡丹
野牡丹科　野牡丹属
Melastoma malabathricum L.

灌木，高约 1m。花期 2~5 月；果期 8~12 月。野生。生于林下、灌草丛、路边、沟边；分布于云南、贵州、台湾及华南地区；中南半岛至澳大利亚、菲律宾等地也有分布。果为野果；全株药用；栽植观赏。

展毛野牡丹
野牡丹科　野牡丹属
Melastoma normale D. Don

灌木，约 1m 高。花期 3~6 月；果期 9~11 月。野生。生于开阔山坡灌草丛中或疏林下；分布于广东、广西、台湾、四川、云南；尼泊尔、印度、马来西亚、菲律宾也有分布。果为野果；全株药用；栽植观赏。

毛稔 野牡丹科 野牡丹属
Melastoma sanguineum Sims

灌木，高1.5~3m。花果期几乎全年，通常在8~10月。野生。生于低海拔坡脚、沟边、矮灌丛；分布于广西、广东；印度、马来西亚至印度尼西亚也有分布。果为野果；根、叶药用。

金锦香 野牡丹科 金锦香属
Osbeckia chinensis L. ex Walp.

直立草本或亚灌木，高20~60cm。花期7~9月；果期9~11月。野生。生于荒山路旁、田边、疏林阳处；分布于长江以南各地区；越南、澳大利亚、日本也有分布。全草药用。

朝天罐

野牡丹科　金锦香属

Osbeckia opipara C. Y. Wu et C. Chen

灌木，高达 1.2m。花果期 7~9 月。野生。生于海拔 250~800m 的疏林、灌丛、路边、水边；分布于长江以南各地区；越南、泰国也有分布。根药用；可栽植观赏。

巴西野牡丹

野牡丹科　蒂牡花属

Tibouchina semidecandra (Mart. & Schrank ex DC.) Cogn.

灌木，高 0.5~1.5m。花果期全年，盛花期春夏季。栽培。栽于路旁、庭院；原产巴西，广东、广西、福建、海南有引种栽培。花鲜艳美丽，常作园林观花植物。外来植物。

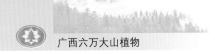

小叶榄仁 使君子科 榄仁树属
Terminalia neotaliala Capuron

落叶乔木，高达 15m。花期 3~6 月；果期 4~9 月。栽培。原产马达加斯加，广东、广西、福建、台湾引种栽培。常作行道树、海岸绿化树。外来植物。

黄牛木 金丝桃科 黄牛木属
Cratoxylum cochinchinense (Lour.) Bl.

落叶灌木或乔木，高 1.5~18(~25)m。花期 4~5 月；果期 6 月后。野生。生于阳坡次生林或灌丛中；分布于广东、广西、云南、海南；东南亚也有分布。木材用于雕刻；幼果作香料；根、树皮、嫩叶药用；嫩叶制代茶饮。

地耳草（田基黄）

金丝桃科　金丝桃属

Hypericum japonicum Thunb. ex Murray

一年生或多年生草本，高 2~45cm。花期 3~8 月；果期 6~10 月。野生。生于田边、沟边、草地、荒地；分布于辽宁、山东至长江以南各地区；缅甸、印度、斯里兰卡、日本及大洋洲也有分布。全草药用。

岭南山竹子

藤黄科　藤黄属

Garcinia oblongifolia Champ. ex Benth.

乔木，高 5~15m。花期 4~5 月；果期 10~12 月。野生。生于密林或疏林中；分布于广东、广西、海南；越南也有分布。果作野果；种子榨油工业用；木材作家具、工艺品；树皮制栲胶。

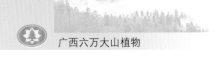

破布叶 椴树科 破布叶属
Microcos paniculata L.

灌木或小乔木，高 3~12m。花期 6~7 月；果期 8~10 月。野生。生于山坡灌丛或路边；分布于福建、广东、广西、云南、海南；越南、老挝、印度、印度尼西亚也有分布。叶药用。

毛刺蒴麻 椴树科 刺蒴麻属
Triumfetta cana Bl.

木质草本，高 1.5m。花期 5~10 月；果期 8~12 月。野生。生于林下、灌丛、路旁；分布于西藏、云南、贵州、广西、广东、福建；印度及东南亚也有分布。

刺蒴麻 椴树科 刺蒴麻属
Triumfetta rhomboidea Jacq.

亚灌木，高约1m。花期5~10月；果期10~12月。野生。生于旷地、林缘；分布于云南、广西、广东、福建、台湾；广布世界热带地区。根药用。

中华杜英 杜英科 杜英属
Elaeocarpus chinensis (Gardn. et Chanp.) Hook. f. ex Benth.

小乔木，高3~7m。花期5~6月；果期6~9月。野生。生于低山杂木林；分布于浙江、福建、江西、贵州、云南及华南、华中地区；老挝、越南也有分布。树皮、果皮提栲胶；木材可种白木耳。

槭叶瓶干树（澳洲火焰树）

梧桐科　酒瓶树属
Brachychiton acerifolius (A. Cunn. ex G. Don) F. Muell.

乔木。花期4~7月；果期9~10月。栽培。原产澳大利亚，广东、广西、海南、台湾等地均有栽培。树形优美，花红量大，常作园林绿化树、行道树。外来植物。

刺果藤

梧桐科　刺果藤属
Byttneria grandifolia Candolle

木质藤本。花期春夏季。野生。生于疏林中或山谷溪旁；分布于广东、广西、云南；印度、越南、柬埔寨、老挝、泰国也有分布。根、茎药用；茎皮纤维制绳索。

山芝麻 梧桐科 山芝麻属

Helicteres angustifolia Linn.

小灌木，高达 1m。花果期几乎全年。野生。生于山坡荒地、林缘；分布于我国南方各地；东南亚各国也有分布。根、叶药用；茎皮纤维织麻袋。

细齿山芝麻 梧桐科 山芝麻属

Helicteres glabriuscula Wall.

灌木，高达 1.5m。花果期几乎全年。野生。生于草坡上或灌丛；分布于广西、贵州、云南；缅甸也有分布。茎皮纤维制绳索。

剑叶山芝麻 梧桐科 山芝麻属

Helicteres lanceolata DC.

灌木，高 1~2m。花期 7~11 月。野生。生于山坡草地或灌丛；分布于广东、广西、云南；越南、缅甸、老挝、泰国、印度尼西亚也有分布。茎皮纤维制绳索。

翻白叶树 梧桐科 翅子树属

Pterospermum heterophyllum Hance

乔木，高达 20m。花期 6~7 月，果期 8~11 月。野生。生于山地或丘陵地森林；分布于广东、福建、广西。根药用；树皮纤维制绳索；可放养紫胶虫；茎干材用；园林绿化树。

假苹婆 梧桐科 苹婆属
Sterculia lanceolata Cav.

乔木，高2~8m。花期4~6月；果期6~8月。野生。生于山谷溪旁；分布于云南、贵州、四川及华南地区；老挝、缅甸、泰国、越南也有分布。茎皮纤维造纸；种子榨油；常作园林观赏树。

苹婆 梧桐科 苹婆属
Sterculia monosperma Vent.

乔木。花期4~5月；果期6~8月。栽培。分布于广东、广西、福建、云南、台湾；印度、越南、印度尼西亚也有分布，多为人工栽培。种子煮熟后可食；叶可裹粽；常作行道树。

木棉 木棉科　木棉属

Bombax ceiba L.

落叶乔木，高达 25m。花期 3~4 月；果期 5~7 月。野生。生于海拔 1400m 以下山地；分布于我国南方各地；印度、斯里兰卡、马来西亚、印度尼西亚、菲律宾、澳大利亚也有分布。花食用、药用；种子榨油工业用；果内绵毛为棉花替代品；常作观赏树、行道树。

美丽异木棉 木棉科　吉贝属

Ceiba speciosa (A.St.-Hil.) Ravenna

落叶乔木，高 10~15m。花期 10~12 月，果期 12 月至翌年 5 月。栽培。原产南美洲，广东、福建、广西、海南、云南、四川等南方省份广泛栽培。木材造纸；种子榨油；常作观赏树、行道树。外来植物。

赛葵 锦葵科 赛葵属
Malvastrum coromandelianum (Linn.) Garcke

亚灌木状草本，高达1m。野生。生于旷地、路旁、林缘；分布于台湾、福建、广东、广西、云南，已野化；原产美洲，现热带地区广布。全草药用。外来入侵植物。

拔毒散 锦葵科 黄花稔属
Sida szechuensis Matsuda

直立亚灌木，高约1m。花期5~11月，果期6~12月。野生。生于荒坡、路旁、林缘；分布于四川、贵州、云南、广西。茎皮纤维编绳索；全草药用。

地桃花 锦葵科 梵天花属
Urena lobata Linn.

直立亚灌木状草本，高达 1m。花期 7~10 月，果期 10~12 月。野生。生于旷地、草坡、疏林；分布于长江以南各地区；印度、日本及东南亚也有分布。茎皮纤维可代麻；根、叶药用。

东方古柯 古柯科 古柯属
Erythroxylum sinense Y. C. Wu

灌木或小乔木，高达 6m。花期 4~5 月；果期 5~10 月。野生。生于山地林中、路旁；分布于浙江、福建、江西、湖南、广东、广西、云南、贵州；印度、缅甸也有分布。

铁苋菜 大戟科 铁苋菜属
Acalypha australis Linn.

一年生草本，高 0.2~0.5m。花果期 4~12 月。野生。生于旷地；除内蒙古、新疆、青海、西藏外，其余各地均有分布；俄罗斯、朝鲜、日本、菲律宾、越南、老挝也有分布。全草药用。

红背山麻杆 大戟科 山麻杆属
Alchornea trewioides (Benth.) Muell. Arg.

落叶灌木，高 1~2m。花期 3~5 月；果期 6~8 月。野生。生于海拔 1000m 以下疏林、灌丛；分布于华东、西南、华南地区；泰国、越南、日本也有分布。茎皮纤维可作人造棉；枝、叶药用。

五月茶 大戟科　五月茶属

Antidesma bunius (L.) Spreng.

乔木，高达 10m。花期 3~5 月；果期 6~11 月。野生。生于山地疏林；分布于江西、福建、湖南、广东、海南、广西、贵州、云南、西藏；印度、菲律宾、澳大利亚也有分布。果可食、制果酱；叶、根药用；可作观赏树。

黄毛五月茶 大戟科　五月茶属

Antidesma fordii Hemsl.

小乔木，高达 7m。花期 3~7 月；果期 7 月至翌年 1 月。野生。生于山地密林；分布于福建、广东、广西、海南、云南；越南、老挝也有分布。

方叶五月茶 大戟科　五月茶属

Antidesma ghaesembilla Gaertn.

乔木，高达 10m。花期 3~9 月；果期 6~12 月。野生。生于海拔 200~1100m 山地林中；分布于广东、海南、广西、云南；东南亚也有分布。茎、叶、果药用。

银柴 大戟科　银柴属

Aporosa dioica (Roxb.) Müll.Arg.

灌木或乔木，高 2~9m。花果期几乎全年。野生。生于海拔 200~1000m 山地疏林或灌丛；分布于广东、海南、广西、云南；印度、缅甸、越南、马来西亚也有分布。

秋枫 大戟科 秋枫属
Bischofia javanica Bl.

常绿或半常绿乔木，高达 40m。花期 4~5 月；果期 8~10 月。野生 + 栽培。生于山地潮湿沟谷林中或平原栽培；分布于长江以南各地区；日本、澳大利亚及东南亚也有分布。木材坚韧耐用；果肉酿酒；种子榨油食用或作润滑油；树皮提红色染料；叶作绿肥；根药用。

黑面神 大戟科 黑面神属
Breynia fruticosa (L.) Müll.Arg.

灌木，高 1~3m。花期 4~9 月；果期 5~12 月。野生。生于山坡、荒野；分布于浙江、福建、广东、海南、广西、四川、贵州、云南；老挝、越南、泰国也有分布。枝叶提栲胶；根药用。

土蜜树 大戟科 土蜜树属

Bridelia tomentosa Bl.

灌木或小乔木，高 2~5m。花果期几乎全年。野生。生于海拔 1500m 以下疏林、灌丛，分布于福建、台湾、广东、海南、广西、云南；印度尼西亚、马来西亚、澳大利亚也有分布。根、叶药用；树皮提栲胶。

巴豆 大戟科 巴豆属

Croton tiglium Linn.

灌木或小乔木，高 3~6m。花期 5~7 月；果期 5~9 月。野生。生于村旁或山坡疏林；分布于浙江、福建、江西、湖南、广东、海南、广西、贵州、四川、云南；越南、缅甸、老挝、泰国、菲律宾、日本也有分布。种子、根、叶药用；有毒植物。

飞扬草
大戟科　大戟属
Euphorbia hirta Linn.

一年生草本。花果期6~12月。野生。生于路旁、草丛等地；分布于江西、湖南、福建、台湾、广东、广西、海南、四川、贵州、云南；印度、泰国、马来西亚也有分布。外来入侵植物。

通奶草
大戟科　大戟属
Euphorbia hypericifolia Linn.

一年生草本。花果期8~12月。野生。生于旷地、田间、路旁、草丛；分布于江西、台湾、湖南、广东、广西、海南、四川、贵州、云南；印度、泰国也有分布。全草药用。外来入侵植物。

斑地锦 大戟科 大戟属

Euphorbia maculata L.

一年生草本。花果期 4~9 月。野生。原产北美，现已归化；生于草地、路旁；分布于河北、河南、江苏、浙江、江西、湖北、台湾、广西；欧洲、亚洲也有分布。外来入侵植物。

白饭树 大戟科 白饭树属

Flueggea virosa (Roxb. ex Willd.) Royle

灌木，高达 6m。花期 3~8 月；果期 7~12 月。野生。生于海拔 100~2000m 山地灌丛中；分布于华东、华南、西南各地区；东南亚及非洲、大洋洲也有分布。全株药用。

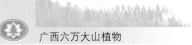

毛果算盘子
大戟科　算盘子属
Glochidion eriocarpum Champ. ex Benth.

灌木，高达 5m。花果期几乎全年。野生。生于海拔 120~1600m 灌丛或林缘；分布于江苏、福建、台湾、湖南、广东、海南、广西、贵州、云南、香港；越南也有分布。全株药用。

厚叶算盘子
大戟科　算盘子属
Glochidion hirsutum (Roxb.) Voigt

灌木或小乔木，高达 8m。花果期几乎全年。野生。生于海拔 100~1800m 林下或灌丛；分布于福建、台湾、云南、西藏、广东、广西、海南；印度也有分布。根、叶药用；木材坚硬。

算盘子

大戟科　算盘子属

Glochidion puberum (Linn.) Hutch.

灌木，高 1~5m。花期 4~8 月；果期 7~11 月。野生。生于海拔 300~2200m 山坡、溪旁灌丛中或林缘；分布于黄河以南各地区；日本也有分布。种子榨油工业用；全株药用、提栲胶。

盾叶木（印度血桐）

大戟科　血桐属

Macaranga adenantha Gagnep.

乔木，高 3~10m。花期 5~7 月；果期 7~10 月。野生。生于海拔 300~1300m 林中；分布于云南、广西、广东、贵州；越南也有分布。根药用。

中平树 大戟科 血桐属

Macaranga denticulata (Bl.) Muell. Arg.

乔木，高 3~10(~15)m。花期 4~6 月；果期 5~8 月。野生。生于低海拔次生林；分布于海南、广西、贵州、云南、西藏；印度及东南亚地区也有分布。树皮纤维可编绳。

草鞋木 大戟科 血桐属

Macaranga henryi (Pax et Hoffm.) Rehd.

灌木或乔木，高 2~6(~15)m。花期 3~5 月，果期 7~9 月。野生。生于海拔 300~1400m 常绿阔叶林或石灰岩灌木林中；分布于贵州、广西、云南；越南也有分布。

白背叶 大戟科 野桐属

Mallotus apelta (Lour.) Müll. Arg.

灌木，高 1~4m。花期 6~9 月；果期 8~11 月。野生。生于海拔 1000m 以下的灌丛；分布于云南、广西、湖南、江西、福建、广东、海南；越南也有分布。茎皮编织；种子榨油工业用。

毛桐 大戟科 野桐属

Mallotus barbatus (Wall.) Muell. Arg.

小乔木，高 3~4m。花期 4~5 月；果期 9~10 月。野生。生于海拔 400~1300m 林缘或灌丛；分布于云南、四川、贵州、湖南、广东、广西；日本、越南至印度也有分布。茎纤维造纸、搓绳；种子榨油工业用。

白楸 大戟科 野桐属
Mallotus paniculatus (Lam.) Muell. Arg.

灌木或乔木，高 3~15m。花期 7~10 月；果期 11~12 月。野生。生于海拔 1300m 林缘或灌丛；分布于云南、贵州、广西、广东、海南、福建、台湾；东南亚各国也有分布。木质轻软；种子榨油工业用。

粗糠柴 大戟科 野桐属
Mallotus philippensis (Lam.) Muell. Arg.

灌木或小乔木，高 2~18m。花期 4~5 月；果期 5~8 月。野生。生于海拔 300~1600m 山地林中或林缘；分布于长江以南各地区；越南、老挝、缅甸、泰国、澳大利亚也有分布。树皮提栲胶；种子榨油工业用；叶药用；可栽植观赏。

石岩枫 大戟科 野桐属
Mallotus repandus (Willd.) Müll. Arg.

攀缘状灌木，长可达 13~19m。花期 3~5 月；果期 8~9 月。野生。生于疏林或林缘；分布于广西、广东、海南、台湾；越南、老挝、缅甸、泰国也有分布。茎皮编绳；种子榨油工业用。

余甘子 大戟科 叶下珠属
Phyllanthus emblica Linn.

落叶灌木或小乔木，高 3~8m。花期 4~6 月；果期 7~9 月。野生。生于疏林下或山坡向阳处；分布于江西、福建、台湾、广东、海南、广西、四川、贵州、云南；印度、斯里兰卡、印度尼西亚、马来西亚、菲律宾也有分布。果实食用；根、叶、果药用；木材坚硬。

落萼叶下珠

大戟科　叶下珠属

Phyllanthus flexuosus (Sieb. et Zucc.) Muell. Arg.

灌木，高达 3m。花期 4~5 月；果期 6~9 月。野生。生于海拔 700~1500m 山地疏林、沟边、路旁、灌丛；分布于江苏、安徽、浙江、江西、福建、湖北、湖南、广东、广西、四川、贵州、云南；日本也有分布。

小果叶下珠

大戟科　叶下珠属

Phyllanthus reticulatus Poir.

灌木，高达 4m。花期 3~6 月；果期 6~10 月。野生。生于海拔 200~800m 林下或灌丛；分布于长江以南各地区；印度、斯里兰卡、印度尼西亚、菲律宾、马来西亚、澳大利亚也有分布。根、叶药用。

叶下珠
大戟科　叶下珠属

Phyllanthus urinaria Linn.

一年生草本，高 10~60cm。花期 4~6 月；果期 7~11 月。野生。生于旷地、路旁；分布于河北、山西、陕西及华东、华中、华南、西南地区；日本、东南亚至南美洲也有分布。全草药用。

蓖麻
大戟科　蓖麻属

Ricinus communis Linn.

一年生粗壮草本或草质灌木，高 2~5m。花期几乎全年。野生。原产肯尼亚、索马里，现村旁、河流冲击地有野生，分布于我国南北各地；现热带至温带地区广泛栽培。根、叶、种子药用；种子榨油工业用、药用。外来入侵植物。

山乌桕 大戟科 乌桕属
Triadica cochinchinensis Lour.

灌木或小乔木，高 3~12m。花期 4~6 月；果期 6~9 月。野生。生于林中；广布于云南、四川、贵州、湖南、广西、广东、江西、安徽、福建、浙江、台湾；印度、缅甸、老挝、越南、马来西亚、印度尼西亚也有分布。根皮、叶药用；种子油制肥皂；叶色艳丽，可作观叶植物。

乌桕 大戟科 乌桕属
Triadica sebifera (L.) Small

乔木，高 5~10m。花期 5~7 月。野生。生于疏林中；分布于黄河以南各地区；日本、越南、印度也有分布。根皮、树皮、叶药用；叶可作染料；叶色秀丽，作观赏植物；木材材质坚韧。

油桐（一年桐） 大戟科 油桐属
Vernicia fordii (Hemsl.) Airy Shaw

落叶乔木，高达 10m。花期 3~4 月；果期 8~9 月。野生＋栽培。生于海拔 1000m 以下丘陵山地；分布于秦岭以南各地区；越南也有分布。种子榨油工业用；木质轻软；果皮制活性炭。

木油桐（千年桐） 大戟科 油桐属
Vernicia montana Lour.

落叶乔木，高达 20m。花期 3~5 月；果期 8~9 月。野生＋栽培。生于海拔 1300m 以下疏林；分布于浙江、江西、福建、台湾、湖南、广东、海南、广西、贵州、云南；越南、泰国、缅甸也有分布。种子榨油工业用；木质轻软；果皮制活性炭。

牛耳枫 虎皮楠科 虎皮楠属
Daphniphyllum calycinum Benth.

灌木，高 1.5~4m。花期 4~6 月；果期 8~11 月。野生。生于海拔 60~700m 疏林或灌丛；分布于广西、广东、福建、江西；越南和日本也有分布。种子榨油工业用；根、叶药用。

鼠刺 鼠刺科 鼠刺属
Itea chinensis Hook. et Arn.

灌木或小乔木，高 4~10m。花期 3~5 月；果期 5~12 月。野生。常见于海拔 140~2400m 林地；分布于福建、湖南、广东、广西、云南、西藏；印度、不丹、越南、老挝也有分布。根、花药用。

常山
绣球花科　常山属
Dichroa febrifuga Lour.

灌木，高 1~2m。花期 2~4 月；果期 5~8 月。野生。生于海拔 200~2000m 湿林；分布于陕西、甘肃及长江以南各地区；印度、日本及东南亚各国也有分布。根、叶药用。

蛇莓
蔷薇科　蛇莓属
Duchesnea indica (Andr.) Focke

多年生草本。花期 6~8 月；果期 8~10 月。野生。生于海拔 1800m 以下潮湿地；分布于辽宁以南各地区；亚洲、欧洲、北美洲、南美洲也有分布。果为野果；全草药用；全草浸出液制农药。

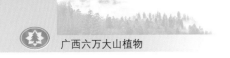

腺叶桂樱 蔷薇科 桂樱属
Lauro-cerasus phaeosticta (Hance) Schneid.

灌木或小乔木，高 4~12m。花期 4~5 月；果期 7~10 月。野生。生于海拔 300~2000m 山地林中；分布于湖南、江西、浙江、福建、台湾、广东、广西、贵州、云南；印度、缅甸、孟加拉国、泰国、越南也有分布。茎干材用；可作园林绿化树。

大叶桂樱 蔷薇科 桂樱属
Lauro-cerasus zippeliana (Miq.) Yü

乔木，高 10~25m。花期 7~10 月；果期 10~12 月。野生。生于海拔 600~2400m 林中；分布于甘肃、陕西及华中、华南、华东地区；日本、越南也有分布。树姿优美，栽植观赏。

石斑木 蔷薇科　石斑木属

Rhaphiolepis indica (L.) Lindl.

灌木，高达4m。花期4月；果期7~8月。野生。生于海拔100~1500m灌木林；分布于云南、贵州及华南、华东地区；日本及东南亚也有分布。木材红色质重，可作器物；果为野果；根药用。

金樱子 蔷薇科　蔷薇属

Rosa laevigata Michx.

攀缘灌木，高可达5m。花期4~6月；果期7~11月。生于向阳山野；分布于华中、华东、华南地区；越南也有分布。根皮提栲胶；果实熬糖、酿酒；根、叶、果药用。

117

粗叶悬钩子
蔷薇科　悬钩子属
Rubus alceifolius Poir.

攀缘灌木，高达 5m。花期 7~9 月；果期 10~11 月。野生。生于村边、路旁灌丛，分布于长江以南各地区；日本及东南亚也有分布。根、叶药用；果实食用。

蛇泡筋
蔷薇科　悬钩子属
Rubus cochinchinensis Tratt.

攀缘灌木。花期 3~5 月；果期 7~8 月。野生。生于山坡灌丛；分布于广东、广西、云南；泰国、越南、老挝、柬埔寨也有分布。根药用；果实食用。

山莓
蔷薇科　悬钩子属
Rubus corchorifolius L. f.

落叶灌木，高1~3m。花期2~3月；果期4~6月。野生。生于向阳山坡、溪边或灌丛中；分布于陕西、宁夏及华南、华东、华北、华中、西南地区；朝鲜、日本、缅甸、越南也有分布。果实食用、制果酱、酿酒；果、根、叶药用。

茅莓
蔷薇科　悬钩子属
Rubus parvifolius Linn.

灌木，高1~2m。花期5~6月；果期7~8月。野生。生于林下、向阳山坡、路旁或荒野；分布于我国南北各地；日本、朝鲜也有分布。果实食用、制果酱、酿酒、制醋等；全株药用。

深裂锈毛莓 蔷薇科 悬钩子属
Rubus reflexus var. *lanceolobus* Metc.

攀缘灌木。花期5~6月；果期7~8月。野生。生于低海拔的山谷或水沟边疏林；分布于湖南、福建、广东、广西。果实食用、制果酱、酿酒。中国特有种。

空心泡 蔷薇科 悬钩子属
Rubus rosifolius Sm.ex.Baker

直立或攀缘灌木，高达50cm。花期3~5月；果期6~7月。野生。生于路边或林缘；分布于江西、湖南、安徽、浙江、广东、广西；越南、泰国、澳大利亚也有分布。根、叶药用；果实食用。

猴耳环
含羞草科　猴耳环属
Abarema clypearia (Jack) Kosterm.

乔木，高达 10m。花期 2~6 月；果期 4~8 月。野生。生于常绿阔叶林中；分布于我国南部各地区；越南、缅甸至马来西亚也有分布。树皮提栲胶；种子药用；常作园林绿化树、观赏树。

亮叶猴耳环
含羞草科　猴耳环属
Abarema lucida (Benth.) Kosterm.

乔木，高 2~10m。花期 4~6 月；果期 7~12 月。野生。生于林中；分布于浙江、台湾、福建及华南、西南地区；印度、越南也有分布。木材制薪炭；枝叶药用；果形奇特，常作观赏树。

台湾相思 含羞草科 金合欢属
Acacia confusa Merr.

乔木，高达 15m。花期 3~10 月；果期 8~12 月。野生＋栽培。栽培作行道树或生山坡、路旁；分布于台湾、福建、广东、广西、海南、贵州、云南；菲律宾、印度尼西亚、斐济也有分布。花芳香油作香料；木材坚硬；是荒山造林的生态树种及水土保持和沿海防护林的重要树种。

羽叶金合欢 含羞草科 金合欢属
Acacia pennata (L.) Willd.

攀缘、多刺藤本。花期 3~10 月；果期 7 月至翌年 4 月。野生。生于低海拔疏林；分布于云南、广东、广西、福建、海南、贵州、四川；越南、缅甸、老挝、印度也有分布。嫩茎叶为野菜。

海红豆 含羞草科 海红豆属
Adenanthera microsperma Teijsm. et Binn.

落叶乔木，高 5~20m。花期 4~7 月；果期 7~10 月。野生 + 栽培。多生于山沟、溪边；分布于云南、贵州、广西、广东、福建、台湾；东南亚也有分布。心材质坚而耐腐；种子鲜红可作饰品；根药用。

楹树 含羞草科 合欢属
Albizia chinensis (Osbeck) Merr.

落叶乔木，高达 30m。花期 3~5 月；果期 6~12 月。野生。生于山地林中；分布于福建、湖南、广东、广西、云南、西藏；越南、泰国、印度也有分布。常作行道树；木材制箱板；树皮含单宁。

银合欢 含羞草科 银合欢属
Leucaena leucocephala (Lam.) de Wit

灌木或小乔木，高 2~6m。花期 4~7 月；果期 8~10 月。野生。生于低海拔荒地或疏林；原产热带美洲、台湾、福建、广东、广西及云南有引种或野化；现广植于各热带地区。优良的薪炭材树种、观赏树；花、果、皮药用；嫩茎叶饲用；栽作绿篱。外来入侵植物。

光荚含羞草（簕仔树） 含羞草科 含羞草属
Mimosa bimucronata (DC.) Kuntze

落叶灌木，高 3~6m。花期 3~9 月；果期 10~11 月。野生。生于疏林、路旁、旷野或栽培；分布于福建、云南及华南地区；原产美洲。护坡、护堤植物；常作绿篱、薪炭林。外来入侵植物。

含羞草
含羞草科　含羞草属

Mimosa pudica Linn.

直立或蔓生亚灌木状草本，高可达 1m。花期 3~10 月；果期 5~11 月。野生 + 栽培。生于旷野荒地、灌木丛或栽培；分布于华东、华南、西南地区；热带地区广布。全草药用；观赏植物。外来入侵植物。

红花羊蹄甲
云实科　羊蹄甲属

Bauhinia × *blakeana* Dunn

乔木，高 6~10m。花期全年，3~4 月最盛，不结果。栽培。广泛栽培于华南地区，福建、云南也有；世界各地广泛栽植。花大艳丽，作行道树；树皮作鞣料和染料；根、树皮、花药用。

龙须藤 云实科 羊蹄甲属
Bauhinia championii (Benth.) Benth.

藤本，有卷须。花期6~10月；果期7~12月。野生。生于山地半阴处或攀附岩石；分布于广东、广西、福建、台湾、浙江、湖北、湖南、江西、贵州；印度、越南、印度尼西亚也有分布。根、茎药用；嫩茎叶为野菜；作园林垂直绿化。

粉叶羊蹄甲 云实科 羊蹄甲属
Bauhinia glauca (Wall. ex Benth.) Benth.

木质藤本。花期4~6月；果期7~9月。野生。生于山坡阳处疏林、山谷密林或灌丛；分布于广东、广西、江西、湖南、贵州、云南；印度、越南、印度尼西亚也有分布。

羊蹄甲
云实科 羊蹄甲属
Bauhinia purpurea DC. ex Walp.

乔木，高 7~10m。花期 9~11 月；果期 2~3 月。栽培。分布于我国南方各地；中南半岛、马来半岛及印度、斯里兰卡也有分布。木材作农具；树皮、花、根、嫩叶药用；常作行道树。

洋紫荆（宫粉羊蹄甲）
云实科 羊蹄甲属
Bauhinia variegata L.

落叶乔木，高 6~15m。花期全年，3 月最盛；果期 5 月至翌年 3 月。栽培。分布于我国南方各地；热带地区广泛栽培。木材作农具；观花植物、蜜源植物；树皮、花、根药用。

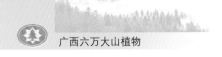

格木 云实科　格木属

Erythrophleum fordii Oliv.

乔木，高 6~12m，有时可达 30m。花期 5~6 月；果期 8~10 月。栽培。分布于广西、广东、福建、台湾、浙江；越南也有分布。木质坚硬；可作园林绿化树。

短萼仪花 云实科　仪花属

Lysidice brevicalyx C. F. Wei

乔木，高 10~20m。花期 4~5 月；果期 8~9 月。栽培。分布于广东、广西、贵州、云南。木材坚硬，作建筑用材；根、茎、叶可药用；花量大且颜色艳丽，作观赏植物。

中国无忧花 云实科 无忧花属
Saraca dives Pierre

乔木，高 5~20m。花期 4~5 月；果期 7~10 月。栽培。分布于云南、广西、广东；越南、老挝也有分布。是紫胶虫的寄主；树皮药用；花大而美丽，作观赏树种。

望江南（羊角菜） 云实科 山扁豆属（决明属）
Senna occidentalis (L.) Link

亚灌木或灌木，高 0.8~1.5m。花期 4~8 月；果期 6~10 月。野生。生于旷野、路旁、灌丛、疏林；分布于我国东南、西南、华南地区；原产热带美洲，现广布热带和亚热带地区。根、叶药用，微毒；嫩茎叶为野菜。外来植物。

相思子（鸡骨草）

蝶形花科　相思子属

Abrus precatorius L.

藤本。花期 3~6 月，果期 9~10 月。野生。生于疏林或灌丛中；分布于福建、台湾、广东、广西、云南。种子可作装饰品，有剧毒；根、藤、种子药用。

链荚豆

蝶形花科　链荚豆属

Alysicarpus vaginalis (L.) DC.

多年生草本，高 30~90cm。花期 9 月；果期 9~11 月。野生。生于草坡、田边、路旁、海边沙地；分布于福建、广东、海南、广西、云南、台湾；越南、印度、日本等也有分布。全草药用、饲用。

木豆 蝶形花科 木豆属
Cajanus cajan (L.) Millsp.

灌木，高 1~3m。花果期 2~11 月。野生。分布于云南、四川、江西、湖南、广西、广东、海南、浙江、福建、台湾、江苏；原产印度，热带和亚热带地区广为栽培。根、叶、种子药用；种子食用、榨油；叶作饲料或绿肥。外来植物。

猪屎豆 蝶形花科 猪屎豆属
Crotalaria pallida Ait.

多年生草本，或呈灌木状。花果期 9~12 月。野生。生于荒山、草地、路旁；分布于福建、台湾、广东、广西、四川、云南、山东、浙江、湖南；美洲、非洲、亚洲热带、亚热带地区也有分布。全草药用；栽为观花植物、护坡植物。

秧青（南岭黄檀）

蝶形花科　黄檀属

Dalbergia assamica Benth.

乔木，高6~15m。花期4~7月；果期9~12月。野生。生于山地疏林、村旁旷野；分布于广西、云南、四川、广东、贵州；越南、泰国、老挝、缅甸也有分布。可作紫胶虫的寄主；常作观赏树、行道树。广西重点保护野生植物。

藤黄檀

蝶形花科　黄檀属

Dalbergia hancei Benth.

藤本。花期3~5月；果期6~11月。野生。生于山坡灌丛、山溪边；分布于安徽、浙江、江西、福建、广东、海南、广西、四川、贵州。茎皮纤维编织；根、茎药用。

多裂黄檀
蝶形花科　黄檀属
Dalbergia rimosa Roxb.

木质攀缘灌木或小乔木状，高 4~10m。花期 4~5 月；果期 7~12 月。野生。生于山坡、山谷、河旁疏林；分布于广西、云南；缅甸、泰国、越南也有分布。根药用。

假木豆
蝶形花科　假木豆属
Dendrolobium triangulare (Retz.) Schindl.

灌木，高 1~2m。花期 8~10 月；果期 10~12 月。野生。生于荒草地或山坡灌丛；分布于广东、海南、广西、贵州、云南、台湾；印度及东南亚、非洲也有分布。全株药用。

假地豆　蝶形花科　山蚂蝗属
Desmodium heterocarpon (Linn.) DC.

小灌木或亚灌木，高达 1.5m。花期 7~10 月；果期 10~11 月。野生。生于山坡草地、水旁、灌丛或林中；
分布于长江以南各地区；印度、泰国也有分布。全株药用、饲用；栽植观赏。

三点金　蝶形花科　山蚂蝗属
Desmodium triflorum (Linn.) DC.

多年生草本，平卧，高 10~50cm。花果期 6~10 月。野生。生于旷地、路旁、河边；分布于浙江、福建、
江西、广东、海南、广西、云南、台湾；印度及东南亚也有分布。全草药用。

千斤拔
蝶形花科　千斤拔属

Flemingia prostrata C. Y. Wu

亚灌木。花期 8~9 月；果期 10~12 月。野生。生于旷野、路旁、草地；分布于云南、四川、贵州、湖北、湖南、广西、广东、海南、江西、福建、台湾；菲律宾也有分布。根药用。

河北木蓝（马棘）
蝶形花科　木蓝属

Indigofera bungeana Walp.

小灌木，高 1~3m。花期 5~8 月，果期 9~10 月。产于江苏、安徽、浙江、江西、福建、湖北、湖南、广西、四川、贵州、云南、辽宁、内蒙古、河北、山西、陕西。日本也有分布。根药用。

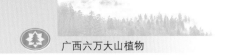

厚果崖豆藤

蝶形花科　崖豆藤属

Millettia pachycarpa Benth.

大型藤本，长达 15m。花期 4~6 月；果期 6~11 月。野生。生于常绿阔叶林中；分布于浙江、江西、福建、台湾、湖南、广东、广西、四川、贵州、云南、西藏；缅甸、泰国、越南、老挝、孟加拉国、印度、尼泊尔、不丹也有分布。

海南崖豆藤

蝶形花科　崖豆藤属

Millettia pachyloba Drake

大型藤本，长达 20m。花期 4~6 月；果期 7~11 月。野生。生于沟谷常绿阔叶林；分布于广东、海南、广西、贵州、云南；越南也有分布。茎药用；茎皮纤维制绳索。

白花油麻藤 蝶形花科 黧豆属
Mucuna birdwoodiana Tutch.

木质藤本。花期 4~6 月；果期 6~11 月。野生。生于山地阳坡；分布于江西、福建、广东、广西、贵州、四川、湖南。茎药用；种子含淀粉，但有毒不宜食用。

毛排钱树 蝶形花科 排钱树属
Phyllodium elegans (Lour.) Desv.

灌木，高 0.5~1.5m。花期 7~8 月；果期 10~11 月。野生。生于荒地、灌丛、疏林中；分布于福建、广东、海南、广西、云南；泰国、柬埔寨、老挝、越南也有分布。根、叶药用。

排钱树 蝶形花科 排钱树属

Phyllodium pulchellum (Linn.) Desv.

灌木，高 0.5~2m。花期 7~9 月；果期 10~11 月。野生。生于荒地、灌丛、疏林中；分布于福建、江西、广东、海南、广西、云南、台湾；马来西亚、澳大利亚及东南亚也有分布。根、叶药用。

山葛 蝶形花科 葛属

Pueraria montana (Lour.) Merr.

藤本，长达 8m。花期 9~10 月；果期 11~12 月。野生。生于旷野灌丛、疏林下；分布于长江以南各地区；日本、越南、老挝、泰国和菲律宾也有分布。块根淀粉食用；茎纤维制绳索。

田菁
蝶形花科　田菁属
Sesbania cannabina (Retz.) Poir.

一年生草本，高 3~3.5m。花果期 7~12 月。野生。生于水沟、水田等潮湿低地；原产澳大利亚，现华南、华东地区均有分布；欧洲、亚洲及大洋洲热带地区也有分布。茎、叶可作绿肥、牲畜饲料；海岸护堤植物。外来入侵植物。

葫芦茶
蝶形花科　葫芦茶属
Tadehagi triquetrum (Linn.) Ohashi

亚灌木，高 1~2m。花期 6~10 月；果期 10~12 月。野生。生于荒地、林缘、路旁；分布于福建、江西、广东、海南、广西、贵州、云南；澳大利亚及东南亚各国也有分布。全株药用。

白灰毛豆

蝶形花科　灰毛豆属

Tephrosia candida DC.

灌木状草本，高 1~3.5m。花期 10~11 月；果期 12 月。栽培。栽于路旁；原产印度及马来半岛；福建、广东、广西、云南有栽培，并逸生于草地、旷野、山坡。保土植物。外来植物。

枫香树

金缕梅科　枫香树属

Liquidambar formosana Hance

落叶乔木，高达 30m。花期 3~6 月；果期 7~10 月。野生 + 栽培。生于低山次生林；分布于秦岭—淮河以南各地区；越南、老挝、朝鲜也有分布。果、树脂药用；茎干材用。

杨梅 杨梅科 杨梅属
Myrica rubra (Lour.) Siebold et Zucc.

乔木，高可达 15m 以上。花期 4 月；果期 6~7 月。栽培。分布于长江以南各地区；日本、朝鲜、菲律宾也有分布。果食用；树皮单宁作染料；根皮药用；种仁榨油。

米锥（米槠） 壳斗科 锥属
Castanopsis carlesii (Hemsl.) Hayata

乔木，高达 20m。花期 4~6 月；果期翌年 9~11 月。野生 + 栽培。生于海拔 1500m 以下林中，分布于长江以南各地区；日本及东南亚也有分布。茎干材用；种仁可食；树皮提栲胶。

黧蒴锥（大叶栎）
壳斗科　锥属
Castanopsis fissa (Champ. ex Benth.) Rehd. et Wils.

乔木，高达 20m。花期 4~6 月；果期 9~12 月。栽培。生于山地疏林；分布于福建、江西、湖南、贵州、广东、海南、香港、广西、云南；越南也有分布。茎干材用；种仁食用。

红锥
壳斗科　锥属
Castanopsis hystrix Hook. f. et Thomson ex A. DC.

乔木，高达 25m。花期 4~6 月；果期翌年 8~11 月。野生 + 栽培。生于海拔 1900m 以下山地林中；分布于长江以南各地区；越南、老挝、缅甸、印度也有分布。茎干材用；种仁食用。

柯（石栎）

壳斗科　柯属

Lithocarpus glaber (Thunb.) Nakai

乔木，高达 15m。花期 7~11 月；果期翌年 7~11 月。野生。生于海拔 1500m 以下山地林中；分布于秦岭以南各地区；日本也有分布。茎干材用；种仁食用。

朴树

榆科　朴属

Celtis sinensis Pers.

落叶乔木，高达 20m。花期 3~4 月；果期 9~10 月。野生。生于路旁、山坡林缘；分布于山东、河南及长江以南各地区；越南、老挝也有分布。根皮药用；皮纤维制绳索、造纸。

山黄麻 榆科 山黄麻属
Trema tomentosa (Roxb.) Hara

小乔木，高达 10m。花期 3~6 月；果期 9~11 月。野生。生于空旷山坡；分布于长江以南各地区；广布于热带地区。茎皮纤维是人造棉、麻绳和造纸原料；树皮提栲胶；茎干为薪炭材。

白桂木 桑科 波罗蜜属
Artocarpus hypargyreus Hance

乔木，高 10~25m。花期 4~7 月；果期 8~10 月。野生。生于海拔 1600m 以下林中；分布于广东、广西、海南、福建、江西、湖南、云南。茎干材用；乳汁提硬性胶。广西重点保护野生植物。

藤构 桑科 构属

Broussonetia kaempferi Sieb.

蔓生藤状灌木。花期 4~6 月；果期 5~7 月。野生。产于浙江、湖北、湖南、安徽、江西、福建、广东、广西、云南、四川、贵州、台湾等省份。韧皮纤维为造纸的原料。

构树 桑科 构属

Broussonetia papyrifera (Linn.) L'Hér. ex Vent.

乔木，高 10~20m。花期 4~5 月；果期 6~7 月。野生。生于荒地、路旁；分布于我国南北各地；缅甸、泰国、越南、马来西亚、日本、朝鲜也有分布。叶饲用；果、根、皮药用。

高山榕 桑科 榕属
Ficus altissima Bl.

乔木，高25~30m。花期3~4月；果期5~7月。野生。生于海拔1600m以下林中；分布于海南、广西、云南、四川；东南亚也有分布。常作庭院风景树、行道树。

大果榕 桑科 榕属
Ficus auriculata Lour.

小乔木，高4~10m。花期8月至翌年3月；果期5~8月。野生。生于低山沟谷；分布于海南、广西、云南、贵州、四川；印度、越南、巴基斯坦也有分布。榕果食用。

黄毛榕 桑科 榕属
Ficus esquiroliana Lévl.

小乔木，高4~10m。花期5~7月；果期7月。野生。生于溪边、林中；分布于西藏、四川、贵州、云南、广西、广东、海南、台湾；越南、老挝、泰国也有分布。根皮药用。

粗叶榕（五指毛桃） 桑科 榕属
Ficus hirta Vahl

灌木。花果期4~6月。野生。生于林下、林缘；分布于云南、贵州、广西、广东、海南、湖南、福建、江西；东南亚也有分布。根药用。

对叶榕 桑科 榕属
Ficus hispida L.f.

灌木或小乔木，高 3~5m。花果期 6~7 月。野生。生于溪边疏林或灌丛中；分布于广东、海南、广西、云南、贵州；澳大利亚及东南亚也有分布。护堤植物；根、叶、皮药用。

榕树 桑科 榕属
Ficus microcarpa L.f.

乔木，高达 15~25m。花期 5~6 月。野生＋栽培。生于低海拔林中、村边；分布于台湾、浙江、福建、广东、广西、湖北、贵州、云南；日本、澳大利亚及东南亚也有分布。常作园林绿化树。

琴叶榕 桑科 榕属
Ficus pandurata Hance

灌木，高1~2m。花期6~8月。野生。生于旷野、山地灌丛、林下；分布于广东、海南、广西、福建、湖南、湖北、江西、安徽、浙江；越南也有分布。根药用。

薜荔 桑科 榕属
Ficus pumila L.

攀缘或匍匐灌木。花果期5~8月。野生。生于疏林、村旁；分布于华东、华南、西南地区；日本、越南也有分布。瘦果水洗作凉粉；全株药用。

笔管榕 桑科 榕属

Ficus subpisocarpa Gagnep.

落叶乔木。花期 4~6 月。野生。生于低海拔疏林、村庄；分布于台湾、福建、浙江、海南、云南；缅甸、泰国、越南、马来西亚、日本也有分布。茎干材用，供雕刻。

斜叶榕 桑科 榕属

Ficus tinctoria subsp. *gibbosa* (Bl.) Corner

乔木或附生植物。花果期 6~7 月。野生。生于山谷湿林或岩石上；分布于台湾、海南、广西、贵州、云南、西藏、福建；泰国、缅甸、马来西亚、印度尼西亚也有分布。常作园林绿化树；树皮药用。

变叶榕 桑科 榕属

Ficus variolosa Lindl. ex Benth.

灌木或小乔木，高3~10m。花期12月至翌年6月。野生。生于沟谷溪边潮湿林下；分布于浙江、江西、福建、广东、广西、湖南、贵州、云南；越南、老挝也有分布。茎、根药用。

黄葛树 桑科 榕属

Ficus virens Aiton

半落叶乔木。花期4~8月。野生。生于海拔1000m以下疏林中；分布于陕西、湖北、贵州、广西、四川、云南；澳大利亚及东南亚也有分布。茎干材用，可雕刻；常作行道树。

构棘（穿破石、葨芝）

桑科　柘属

Maclura cochinchinensis (Lour.) Corner

直立或攀缘状灌木。花期4~5月；果期6~7月。野生。生于村旁或荒野；分布于我国南方各地；日本、澳大利亚及东南亚也有分布。常作绿篱；木材煮水制染料；茎皮、根皮药用。

柘

桑科　柘属

Maclura tricuspidata Carrière

落叶灌木或小乔木，高1~7m。花期5~6月；果期6~7月。野生。生于山地林缘；分布于华北、华东、中南、西南地区；日本、朝鲜也有分布。栽作绿篱；根皮药用；果生食或酿酒。

牛筋藤 桑科 牛筋藤属
Malaisia scandens (Lour.) Planch.

攀缘灌木。花期3~8月；果期6~11月。野生。攀缘于岩石或树木上；分布于台湾、广东、海南、广西、云南；澳大利亚及东南亚也有分布。茎皮纤维制绳索。

舌柱麻 荨麻科 舌柱麻属
Archiboehmeria atrata (Gagnep.) C. J. Chen

亚灌木，高0.6~4m。花期5~8月；果期8~10月。野生。生于山谷阴坡疏林中；分布于广西、海南、广东、湖南；越南也有分布。茎皮纤维代麻，是人造棉原料。

长序苎麻 荨麻科 苎麻属

Boehmeria dolichostachya W. T. Wang

亚灌木，高达 3m。果期 10 月。野生。生于山地林中；分布于广西。

苎麻 荨麻科 苎麻属

Boehmeria nivea (L.) Hook. f. & Arn.

亚灌木或灌木，高 0.5~1.5m。花期 8~10 月。野生。生于山谷林缘或草坡；分布于陕西以南各地区；越南、老挝也有分布。茎皮纤维为布、优质纸的原料；根、叶药用；叶养蚕、饲用；种子榨油食用。

狭叶楼梯草

荨麻科 楼梯草属

Elatostema lineolatum Wight

亚灌木，高达 2m。花期 1~5 月。野生。生于山地沟边、林边或灌丛中；分布于西藏、广西、广东、云南、福建、台湾；东南亚也有分布。

糯米团

荨麻科 糯米团属

Gonostegia hirta (Bl.) Miq.

多年生草本。花期 5~9 月。野生。生于沟边草地、林缘；分布于长江以南各地区；澳大利亚及东南亚也有分布。全草药用、饲用。

155

紫麻 荨麻科 紫麻属
Oreocnide frutescens (Thunb.) Miq.

灌木，高1~3m。花期3~5月；果期6~10月。野生。生于山谷林缘、石缝；分布于浙江、安徽、江西、福建、广东、广西、湖南、湖北、陕西、甘肃、四川、云南；越南、老挝、日本也有分布。茎皮纤维制绳索；根、茎、叶药用。

小叶冷水花 荨麻科 冷水花属
Pilea microphylla (Linn.) Liebm.

纤细小草本。花期6~9月；果期8~10月。野生。生于路边石缝和墙上阴湿处；原产南美洲，我国广东、广西、福建、江西、浙江、台湾已归化；热带亚洲、热带非洲也有分布。栽植观赏。外来入侵植物。

冷水花 荨麻科 冷水花属
Pilea notata C. H. Wright

多年生草本。花期6~9月；果期9~11月。野生。生于山谷、溪旁或林下阴湿处；分布于陕西、河南及长江以南各地区；越南、日本也有分布。全草药用。

雾水葛 荨麻科 雾水葛属
Pouzolzia zeylanica (Linn.) Benn.

多年生草本。花期9~11月。野生。生于草地、田边、林中；分布于云南、广西、广东、福建、江西、浙江、安徽、湖北、湖南、四川、甘肃；澳大利亚及东南亚也有分布。全草药用。

葎草
大麻科　葎草属
Humulus scandens (Lour.) Merr.

缠绕草本。花期 4~9 月；果期 9~11 月。野生。生于沟边、荒地、林缘；除新疆、青海外，我国南北各地均有分布；日本、越南也有分布。全草药用；茎皮纤维造纸；种子油制肥皂。

棱枝冬青
冬青科　冬青属
Ilex angulata Merr. et Chun

灌木或小乔木，高 4~10m。花期 4 月；果期 7~10 月。野生。生于山地疏林中；分布于广西、海南。叶药用。

秤星树（岗梅、梅叶冬青） 冬青科 冬青属
Ilex asprella (Hook. et Arn.) Champ. ex Benth.

落叶灌木，高达 3m。花期 3 月；果期 4~10 月。野生。生于路旁灌丛、山地疏林；分布于华东、华南地区；菲律宾、越南也有分布。根、叶药用。

过山枫 卫矛科 南蛇藤属
Celastrus aculeatus Merr.

藤状灌木。花期 3~4 月；果期 9~10 月。野生。生于山坡灌丛；分布于浙江、福建、江西、广东、广西、云南、湖南、湖北。

扶芳藤 卫矛科 卫矛属
Euonymus fortunei (Turcz.) Hand.-Mazz.

匍匐灌木，高 1~3m。花期 6 月；果期 10 月。野生。生于山坡丛林、石缝中；分布于山西、陕西、河南、安徽、云南、贵州、四川及我国东南部地区；朝鲜、日本也有分布。茎叶药用。

疏花卫矛 卫矛科 卫矛属
Euonymus laxiflorus Champ. ex Benth.

灌木，高达 4m。花期 3~6 月；果期 7~11 月。野生。生于山坡、路旁密林中；分布于台湾、福建、江西、湖南、香港、广东、广西、贵州、云南；越南也有分布。枝皮药用。

山柑藤 山柚子科 山柑藤属
Cansjera rheedei J.F.Gmel.

攀缘状灌木，高 2~6m。花期 10 月至翌年 1 月；果期 1~4 月。野生。生于低海拔疏林、灌丛；分布于云南、广西、广东；澳大利亚及东南亚也有分布。

离瓣寄生 桑寄生科 离瓣寄生属
Helixanthera parasitica Lour.

灌木，高 1~1.5m。花期 1~7 月；果期 5~8 月。野生。寄生于树上；分布于西藏、云南、贵州、广西、广东、福建；东南亚也有分布。茎、叶药用。

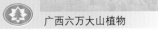

鞘花 桑寄生科 鞘花属
Macrosolen cochinchinensis (Lour.) Van Tiegh.

灌木，高 0.5~1.3m。花期 2~6 月；果期 5~8 月。野生。寄生于树上；分布于西藏、云南、四川、贵州、广西、广东、福建；尼泊尔、印度、孟加拉国也有分布。全株药用。

广寄生 桑寄生科 钝果寄生属
Taxillus chinensis (DC.) Danser

灌木，高 0.5~1m。花果期 4 月至翌年 1 月。野生。寄生于树上；分布于广西、广东、福建、海南；东南亚也有分布。全株药用。

铁包金 鼠李科 勾儿茶属
Berchemia lineata (L.) DC.

藤状或矮灌木，高达 2m。花期 7~10 月；果期 11 月。野生。生于低海拔山野、旷地；分布于广东、广西、福建、台湾；印度、越南、日本也有分布。根、叶药用；果为野果。

马甲子 鼠李科 马甲子属
Paliurus ramosissimus (Lour.) Poir.

灌木，高达 6m。花期 5~8 月；果期 9~10 月。野生。生于路旁、旷野；分布于陕西及华东、中南、西南地区；朝鲜、日本、越南也有分布。栽作绿篱；种子榨油；全株药用；木材作农具柄。

长叶冻绿 鼠李科 鼠李属
Rhamnus crenata Sieb. et Zucc.

落叶灌木或小乔木，高达 7m。花期 5~8 月；果期 8~10 月。野生。生于山地疏林或灌丛中；分布于黄河以南各地区；东南亚也有分布。根有毒，药用；根、果实作染料。

雀梅藤 鼠李科 雀梅藤属
Sageretia thea (Osbeck) Johnst.

藤状灌木。花期 7~11 月；果期翌年 3~5 月。野生。生于山地灌丛、疏林；分布于湖南、湖北、四川、云南及东南地区；印度、越南、朝鲜、日本也有分布。叶药用；果为野果；常作绿篱。

蔓胡颓子（羊奶果）

Elaeagnus glabra Thunb.

蔓生或攀缘灌木，长达 5m。花期 9~11 月；果期翌年 4~5 月。野生。生于向阳山坡地；分布于河南及长江以南各地区；日本也有分布。果为野果，可食用或酿酒；叶药用。

广东蛇葡萄

Ampelopsis cantoniensis (Hook. et Arn.) Planch.

木质藤本。花期 4~7 月；果期 8~11 月。野生。生于山坡灌丛、林中；分布于安徽、浙江、福建、台湾、湖北、湖南、广东、广西、海南、贵州、云南、西藏；日本、越南、泰国也有分布。

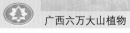
乌蔹莓 葡萄科　乌蔹莓属
Cayratia japonica (Thunb.) Gagnep.

藤本。花期 3~8 月；果期 8~11 月。野生。生于山坡灌丛；分布于黄河以南各地区；日本、澳大利亚及东南亚也有分布。全草药用。

苦郎藤 葡萄科　白粉藤属
Cissus assamica (Laws.) Craib

木质藤本。花期 5~6 月；果期 7~10 月。野生。生于山谷溪边林下、山坡灌丛；分布于江西、福建、湖南、广东、广西、四川、贵州、云南、西藏；越南、柬埔寨、泰国、印度也有分布。

异叶地锦（爬山虎）
葡萄科 地锦属
Parthenocissus dalzielii Gagnep.

木质藤本。花期 5~7 月；果期 7~11 月。栽培。生于山坡林中；分布于四川、贵州及华中、东南地区。常作城市垂直绿化植物。

扁担藤
葡萄科 崖爬藤属
Tetrastigma planicaule (Hook.) Gagnep.

木质藤本。花期 4~6 月；果期 8~12 月。野生。生于山谷林中；分布于福建、广东、广西、贵州、云南、西藏；老挝、越南、印度、斯里兰卡也有分布。藤茎药用。

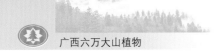

小果葡萄 葡萄科　葡萄属
Vitis balansana Planch.

木质藤本。花期 2~8 月；果期 6~11 月。野生。生于沟谷阳处；分布于广东、广西、海南；越南也有分布。根皮、茎叶药用；可作园林观赏植物。

山油柑 芸香科　山油柑属
Acronychia pedunculata (Linn.) Miq.

乔木，高达 15m。花期 4~8 月；果期 8~12 月。野生。生于杂木林中；分布于台湾、福建、广东、海南、广西、云南；东南亚也有分布。根、叶、果药用。中国特有种。

楝叶吴萸 芸香科 吴茱萸属

Tetradium glabrifolium (Champion ex Bentham) T. G. Hartley

乔木，高达17m。花期6~8月；果期8~10月。野生。生于山地、山谷湿润地；分布于安徽、浙江、湖北、湖南、江西、福建、广东、广西、贵州、四川、云南；东南亚也有分布。茎干材用；根、果药用。

小花山小橘 芸香科 山小橘属

Glycosmis parviflora (Sims) Kurz.

灌木或小乔木，高1~3m。野生。生于低海拔缓坡或山地杂木林；分布于台湾、福建、广东、广西、贵州、云南、海南；越南也有分布。根、叶药用。

三桠苦（三叉苦）

芸香科　蜜茱萸属

Melicope pteleifolia (Champ. ex Benth.) Hartley

灌木或小乔木，高达 8m。花期 4~6 月；果期 7~10 月。野生。生于海拔 1000m 以下林中；分布于云南、西藏、广东、广西；老挝、柬埔寨也有分布。全株药用。

飞龙掌血

芸香科　飞龙掌血属

Toddalia asiatica (Linn.) Lam.

木质藤本。花期 3~8 月；果期 8~11 月。野生。生于山坡次生林下；分布于秦岭以南各地区；东南亚、非洲热带也有分布。全株药用。

簕欓花椒 芸香科　花椒属
Zanthoxylum avicennae (Lam.) DC.

落叶小乔木，高达15m。花期6~8月；果期10~12月。野生。生于林中；分布于台湾、福建、云南及华南地区；菲律宾、越南也有分布。叶、根皮、果皮药用。

两面针 芸香科　花椒属
Zanthoxylum nitidum (Roxb.) DC.

木质藤本，幼株为直立灌木。花期3~5月；果期9~11月。野生。生于海拔800m以下疏林；分布于台湾、福建、广东、海南、广西、贵州、云南；澳大利亚及东南亚也有分布。叶、果皮提芳香油；种子油制肥皂；根、茎、叶药用。

灰毛浆果楝 楝科　浆果楝属

Cipadessa cinerascens (Pell.) Hand.-Mazz.

灌木。花期 4~10 月；果期 8~12 月。野生。生于山地疏林或灌丛；分布于四川、贵州、云南、广西；越南也有分布。根、叶药用；种子油制肥皂。

楝（苦楝）楝科　楝属

Melia azedarach Linn.

落叶乔木，高达 30m。花期 4~5 月；果期 10~12 月。野生。生于低海拔旷野、路边、疏林中；分布于河北以南各地区；澳大利亚及东南亚也有分布。茎干材用；树皮、叶、果药用；种子榨油工业用。

红椿 楝科　香椿属

Toona ciliata Roem.

乔木，高达 30m。花期 4~6 月；果期 10~12 月。野生 + 栽培。生于山地林中，分布于福建、湖南、广东、广西、四川、云南；印度、越南、马来西亚、印度尼西亚也有分布。茎干材用；树皮提栲胶。国家二级重点保护野生植物。

香椿 楝科　香椿属

Toona sinensis (A. Juss.) Roem.

乔木。花期 6~8 月；果期 10~12 月。野生。生于山地杂木林或疏林中；分布于华北、华东、华中、华南、西南地区；朝鲜、泰国、越南也有分布。嫩叶作蔬菜；茎干材用；根皮、果药用。

车桑子
无患子科　车桑子属

Dodonaea viscosa Sm.

灌木，高 1~3m。花期 9~12 月；果期 12 月至翌年 2 月。野生。生于旱坡、旷地；分布于西南、华南地区；印度也有分布。固沙保土植物；种子油制肥皂。

南酸枣
漆树科　南酸枣属

Choerospondias axillaris (Roxb.) Burtt et Hill

落叶乔木，高达 30m。花期 4 月；果期 8~10 月。野生。生于山坡、沟谷林中；分布于湖南、湖北、江西及东南、西南地区；印度、越南、日本也有分布。果实食用、药用；茎干材用。

人面子
漆树科　人面子属
Dracontomelon duperreanum Pierre

乔木，高达 30m。花期 4~5 月；果期 8 月。栽培。栽于路旁；分布于广东、广西、云南；越南也有分布。果为野果，可食用、药用；茎干材用；种子油工业用；常作行道树。

杧果（芒果）
漆树科　杧果属
Mangifera indica Linn.

乔木，高 10~20m。花期 5~6 月；果期 7~8 月。栽培。分布于云南、广西、广东、福建、台湾；印度、孟加拉国、越南、马来西亚也有分布。果实作水果食用；果皮、果核药用；叶、树皮制黄色染料；茎干材用；常作庭院和行道树种。外来植物。

盐肤木 漆树科 盐肤木属

Rhus chinensis Mill.

落叶小乔木，高2~10m。花期8~9月；果期10月。野生。生于灌丛或疏林中；除内蒙古、新疆及东北地区外，其余各地广布；印度、越南、马来西亚、印度尼西亚、日本、朝鲜也有分布。幼枝、叶制土农药；种子榨油；根、叶、花、果药用。

野漆 漆树科 漆属

Toxicodendron succedaneum (Linn.) O. Kuntze

落叶小乔木，高达10m。花期5~6月；果期10月。野生。生于灌丛或疏林中；除新疆、内蒙古、吉林、黑龙江外，其余各地均有分布；印度、越南、朝鲜、日本也有分布。根、叶、果药用；种子油工业用；树皮提栲胶；茎干木材为细工用材。

漆 漆树科　漆属

Toxicodendron vernicifluum (Stokes) F. A. Barkl.

落叶乔木，高达 20m。花期 5~6 月；果期 7~10 月。野生。生于向阳山坡林中；除黑龙江、吉林、内蒙古、新疆外，其余各地均有分布；印度、朝鲜、日本也有分布。木材建筑用；种子油工业用；叶、根制土农药。

小叶红叶藤 牛栓藤科　红叶藤属

Rourea microphylla (Hook. et Arn.) Planch.

攀缘灌木。花期 3~9 月；果期 5 月至翌年 3 月。野生。生于山坡疏林；分布于福建、广东、广西、云南；越南、斯里兰卡、印度、印度尼西亚也有分布。茎皮外敷药用。

黄杞 胡桃科 黄杞属
Engelhardia roxburghiana Wall.

半常绿乔木，高达 20m。花期 5~6 月；果期 9~10 月。野生。生于林中；分布于台湾、广东、广西、湖南、贵州、四川、云南；印度、缅甸、泰国、越南也有分布。叶有毒，可制毒箭；茎干材用。

八角枫 八角枫科 八角枫属
Alangium chinense (Lour.) Harms

落叶乔木或灌木，高 3~5m。花期 5~7 月和 9~10 月；果期 7~11 月。野生。生于疏林；分布于长江以南各地区；缅甸、泰国、越南也有分布。根、茎、叶药用，有小毒。

野楤头 五加科 楤木属

Aralia armata (Wall. ex D.Don) Seem.

多刺灌木，高达 4m。花期 8~10 月；果期 9~11 月。野生。生于林中和林缘；分布于云南、贵州、广西、广东、江西；印度、缅甸、马来西亚、越南也有分布。根皮药用。

罗伞 五加科 罗伞属

Brassaiopsis glomerulata Kuntze

灌木或乔木，高 3~20m。花期 6~8 月；果期翌年 1~2 月。野生。生于林中；分布于云南、贵州、四川、广西、广东、海南；东南亚也有分布。根、树皮及叶药用。

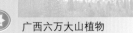

白簕 五加科 五加属
Eleutherococcus trifoliatus (Linnaeus) S. Y. Hu

灌木，高 1~7m。花期 8~11 月；果期 9~12 月。野生。生于山坡路旁、灌丛；分布于秦岭以南各地区；印度、越南、菲律宾也有分布。根药用。

花叶鹅掌藤 五加科 鹅掌柴属
Heptapleurum arboricola 'Variegata'

灌木。高约 3m。花期 4 月，果期 5 月。栽培，常作园林观叶植物。

鹅掌柴 五加科　鹅掌柴属

Schefflera heptaphylla (L.) Y. F. Deng

乔木，高 2~15m。花期 10~11 月；果期 12 月至翌年 1 月。野生。生于阳坡林中；分布于西藏、云南、广西、广东、浙江、福建、台湾；日本、越南、印度也有分布。根、皮、叶药用；常作园林观叶植物。

锡叶藤 五加科　锡叶藤属

Tetracera sarmentosa (Linn.) Vahl.

常绿木质藤本，长达 20m。花期 4~6 月；果期 6~10 月。野生。生于旷野、林下；分布于云南、广东、广西、海南；泰国、印度、斯里兰卡、马来西亚、印度尼西亚也有分布。根、叶药用。

积雪草（雷公根）

伞形科　积雪草属
Centella asiatica (Linn.) Urban

多年生草本。花果期 4~10 月。野生。生于阴湿的草地或水沟边；分布于长江以南各地区；日本、澳大利亚及东南亚也有分布。全草药用；嫩茎叶为野菜。

红马蹄草

伞形科　天胡荽属
Hydrocotyle nepalensis Hook.

多年生草本，高 5~45cm。花果期 5~11 月。野生。生于路边阴湿地；分布于陕西、安徽、浙江、江西、湖南、湖北、广东、广西、四川、贵州、云南、西藏；印度、马来西亚、印度尼西亚也有分布。全草药用，有毒。

天胡荽 伞形科 天胡荽属
Hydrocotyle sibthorpioides Lam.

多年生草本，有气味。花果期 4~9 月。野生。生于河沟边；分布于华东、华中、华南、西南地区；朝鲜、日本、越南、缅甸、泰国、印度也有分布。全草药用。

水芹 伞形科 水芹属
Oenanthe javanica (Bl.) DC.

多年生草本，高 15~80cm。花期 6~7 月；果期 8~9 月。野生。生于水沟；分布于我国南北各地；印度、缅甸、越南、马来西亚、印度尼西亚、菲律宾也有分布。栽植为蔬菜；全草药用。

杜鹃 杜鹃花科　杜鹃花属

Rhododendron simsii Planch.

落叶灌木，高 2~5m。花期 4~5 月；果期 6~8 月。野生 + 栽培。生于丘陵地疏灌丛中；分布于长江以南各地区；缅甸、老挝、泰国、日本也有分布。全株药用；栽为观赏植物。

罗浮柿 柿树科　柿属

Diospyros morrisiana Hance

乔木，高达 20m。花期 5~6 月；果期 11 月。野生。生于山坡林中；分布于广东、广西、福建、台湾、浙江、江西、湖南、贵州、云南、四川；越南也有分布。未成熟果实可提取柿漆；木材制家具；茎皮、叶、果药用。

朱砂根 紫金牛科 紫金牛属
Ardisia crenata Sims

灌木，高 1~2m。花期 5~6 月；果期 10~12 月。野生。生于林下；分布于福建、台湾、广东、广西、云南及长江流域；缅甸、印度尼西亚、日本也有分布。根、叶药用；果为野果，可榨油、食用；栽植观赏。

莲座紫金牛 紫金牛科 紫金牛属
Ardisia primulifolia Gardner & Champion

小灌木或近草本。花期 4~5 月；果期 9 月。野生。生于山地、山谷、水旁林下；生于云南、广西、广东、江西、福建；越南也有分布。

罗伞树 紫金牛科 紫金牛属
Ardisia quinquegona Bl.

灌木或小乔木，高 2~6m。花期 5~6 月；果期 12 月。野生。生于山坡杂木林中；分布于云南、广西、广东、福建、台湾；马来西亚、日本也有分布。全株药用；茎干作薪炭材。

酸藤子 紫金牛科 酸藤子属
Embelia laeta (Linn.) Mez

攀缘灌木，长 1~3m。花期 12 月至翌年 3 月；果期 4~6 月。野生。生于疏林、灌丛；分布于云南、广西、广东、江西、福建、台湾；越南、老挝、泰国、柬埔寨也有分布。根、叶药用；嫩芽、叶可生食，叶酸；果为野果，可食用。

白花酸藤果

紫金牛科　酸藤子属

Embelia ribes Burm. f.

攀缘灌木，长 3~6m。花期 1~7 月；果期 5~12 月。野生。生于林缘、灌丛；分布于贵州、云南、广西、广东、福建；印度、印度尼西亚也有分布。根药用；果食用；嫩尖生食或为野菜。

鲫鱼胆

紫金牛科　杜茎山属

Maesa perlarius (Lour.) Merr.

小灌木，高 1~3m。花期 3~4 月；果期 12 月至翌年 5 月。野生。生于山坡灌丛、林缘；分布于四川、贵州、广西、广东、海南、台湾；越南、泰国也有分布。全株药用。

拟赤杨 安息香科 赤杨叶属

Alniphyllum fortunei (Hemsl.) Makino

乔木，高达 20m。花期 4~7 月；果期 8~10 月。野生。生于林中；分布于长江以南各地区；印度、越南、缅甸也有分布。茎干材用；木材可养白木耳。

白花龙 安息香科 安息香属

Styrax faberi Perk.

灌木，高 1~2m。花期 4~6 月；果期 8~10 月。野生。生于山坡灌丛；分布于安徽、湖北、江苏、浙江、湖南、江西、福建、台湾、广东、广西、贵州、四川。

白背枫
马钱科　醉鱼草属
Buddleja asiatica Lour.

小乔木或灌木状，高达 8m。花期 1~10 月；果期 3~12 月。野生。生于向阳林缘、灌丛；分布于陕西、江西、福建、台湾、湖北、湖南、广东、海南、广西、四川、贵州、云南、西藏；东南亚也有分布。根、叶药用；花制芳香油。

钩吻（断肠草）
马钱科　钩吻属
Gelsemium elegans (Gardn. et Champ.) Benth.

木质藤本，长 3~12m。花期 5~11 月；果期 7 月至翌年 3 月。野生。生于山地路旁、疏林下；分布于江西、福建、台湾、湖南、广东、海南、广西、贵州、云南；印度及东南亚也有分布。全株剧毒；全株含有多种生物碱，可药用，亦可作农药。

扭肚藤 木樨科 素馨属
Jasminum elongatum (Bergius) Willdenow

攀缘灌木，高 1~7m。花期 4~12 月；果期 8 月至翌年 3 月。野生。生于灌丛、林中；分布于广东、海南、广西、云南；越南、缅甸也有分布。叶捣烂治外伤出血和骨折。

小蜡（小叶女贞）木樨科 女贞属
Ligustrum sinense Lour.

落叶灌木。花期 5~6 月；果期 9~12 月。野生 + 栽培。生于山地疏林下或路旁；分布于长江以南各地区；越南、马来西亚也有分布。果实酿酒；种子油工业用；树皮、叶药用；园林植物。

羊角拗 夹竹桃科 羊角拗属
Strophanthus divaricatus (Lour.) Hook. & Arn.

灌木，高达 2m。花期 3~7 月；果期 6~12 月。野生。生于生丘陵疏林或灌丛；分布于贵州、云南、广西、广东、福建；越南、老挝也有分布。全株含毒，可药用。

络石 夹竹桃科 络石属
Trachelospermum jasminoides (Lindl.) Lem.

木质藤本，长达 10m。花期 3~8 月；果期 6~12 月。野生。生于旷野、杂木林中，除新疆、青海、西藏及东北地区外，其他各地均有分布；越南、朝鲜、日本也有分布。全株药用；常作地被、观赏植物。

马利筋 萝藦科　马利筋属

Asclepias curassavica L.

多年生直立草本，高达 80cm。花期几乎全年；果期 8~12 月。野生。生于旷野、路旁；原产美洲；我国南北各地常有栽培，南方有归化。全草药用；栽作观花植物。外来植物。

栀子 茜草科　栀子属

Gardenia jasminoides Ellis

灌木，高 0.3~3m。花期 3~7 月；果期 5 月至翌年 2 月。野生。生于旷野、山地灌丛、疏林；分布于山东及华中、东南、西南地区；日本、朝鲜、越南、老挝、柬埔寨、印度也有分布。可栽作观赏植物；果实、叶、花、根药用。成熟果实提黄色素作染料；花提芳香油。

伞房花耳草 茜草科　耳草属

Hedyotis corymbosa (Linn.) Lam.

一年生草本，高 10~40cm。花果期几乎全年。野生。生于田野、湿润草地；分布于广东、广西、海南、福建、浙江、贵州、四川；广布于热带地区。全草药用。

白花蛇舌草 茜草科　耳草属

Hedyotis diffusa Willd.

一年生草本，高 20~50cm。花期夏秋间。野生。生于田边、湿润旷地；分布于我国南方各地；日本及东南亚也有分布。全草药用。

牛白藤 茜草科 耳草属
Hedyotis hedyotidea (DC.) Merr.

藤状灌木，长 3~5m。花期 4~7 月。野生。生于山谷、丘陵灌丛中；分布于广东、广西、云南、贵州、福建、台湾；越南、柬埔寨也有分布。全草药用。

楠藤 茜草科 玉叶金花属
Mussaenda erosa Champ.

攀缘灌木，高 3m。花期 4~7 月；果期 9~12 月。野生。攀缘于疏林树冠；分布于华南、西南地区；日本、越南、泰国也有分布。茎、叶、果药用。

玉叶金花 茜草科 玉叶金花属

Mussaenda pubescens Dryand.

攀缘灌木。花期 6~7 月；果期 6~12 月。野生。生于灌丛、沟谷；分布于长江以南各地区；越南也有分布。茎叶药用、代茶饮。

短小蛇根草 茜草科 蛇根草属

Ophiorrhiza pumila Champ. ex Benth.

矮小草本。花期 2~4 月。野生。生于林下沟溪边湿地；分布于广西、广东、香港、江西、福建、台湾；越南也有分布。

鸡矢藤（鸡屎藤）

茜草科　鸡矢藤属
Paederia foetida Linn.

藤状灌木。花期 5~6 月。野生。生于低海拔疏林；分布于福建、广东、广西；越南、印度也有分布。鲜叶、嫩茎可食；全草药用。

九节

茜草科　九节属
Psychotria asiatica L.

灌木或小乔木，高 0.5~5m。花果期全年。野生。生于疏林、沟谷；分布于广西、广东；越南也有分布。

钩藤 茜草科　钩藤属
Uncaria rhynchophylla (Miq.) Miq. ex Havil.

藤本。花果期5~12月。野生。生于湿润山坡林缘、灌丛；分布于广东、广西、云南、贵州、福建、湖南、湖北、江西；日本也有分布。茎药用。

水锦树 茜草科　水锦树属
Wendlandia uvariifolia Hance

灌木或乔木，高2~15m。花期3~5月，果期4~10月。野生。生于溪边山地林中、林缘；分布于台湾、广东、广西、海南、贵州、云南；越南也有分布。叶、根药用。

忍冬（金银花）
忍冬科　忍冬属
Lonicera japonica Thunb.

半常绿藤本。花期4~6月；果期10~11月。野生＋栽培。生路旁、山坡灌丛或疏林中；除黑龙江、内蒙古、宁夏、青海、新疆、西藏外，其余各地均有分布；日本、朝鲜也有分布。花药用，代茶饮。

接骨草
忍冬科　接骨草属
Sambucus javanica Reinw. ex Blume

草本或半灌木，高1~2m。花期4~5月；果期6~9月。野生。生于山坡、林下、沟边和草丛；分布于陕西、甘肃、广东、广西及华东、华中、西南地区；越南、日本也有分布。全草药用。

南方荚蒾 忍冬科 荚蒾属
Viburnum fordiae Hance

灌木或小乔木，高达 5m。花期 4~5 月；果期 10~11 月。野生。生于旷野、疏林、灌丛；分布于安徽、浙江、江西、福建、湖南、广东、广西、贵州、云南。根、茎、叶药用。

珊瑚树 忍冬科 荚蒾属
Viburnum odoratissimum Ker-Gawl.

灌木或小乔木，高达 15m。花期 4~5 月；果期 6~9 月。野生。生于疏林、灌丛；分布于福建、湖南、广东、海南、广西；印度、缅甸、泰国、越南也有分布。根、叶药用；常作园林绿化树。

金钮扣 菊科 金钮扣属

Acmella paniculata (Wall. ex DC.) R.K.Jansen

一年生草本。花果期 4~11 月。野生。生于潮湿地、路旁；分布于云南、广东、广西、台湾；印度、日本及东南亚也有分布。全草药用，小毒。

藿香蓟 菊科 藿香蓟属

Ageratum conyzoides Sieber ex Steud.

一年生草本，高 50~100cm。花期 7~12 月；果期 8~12 月。野生。生于荒地、路旁；分布于华东、华南地区。原产非洲，现广布东南亚、非洲。外来入侵植物。

艾 菊科 蒿属

Artemisia argyi Lévl. et Van.

多年生草本。花果期 7~10 月。野生。生于荒地、山坡；分布于我国南北各地；蒙古、朝鲜、俄罗斯也有分布。全草药用；嫩芽、幼苗为野菜；全草可杀虫、消毒。

野艾蒿 菊科 蒿属

Artemisia lavandulifolia Candolle

多年生草本植物，稀亚灌木状。花果期 8~10 月。野生。生于旷野、路旁；分布于我国南北各地；日本、朝鲜、蒙古、俄罗斯也有分布；全草药用、杀虫。

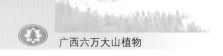

三脉紫菀 菊科 紫菀属
Aster ageratoides Turcz.

多年生草本。花果期 7~12 月。野生。生于林下、林缘、灌丛；分布于我国南北各地；朝鲜、日本也有分布。

马兰 菊科 紫菀属
Aster indicus Heyne

多年生草本。花期 5~9 月；果期 8~10 月。野生。生于田边、路旁；分布于陕西、甘肃及华南、华东、华北、华中、西南地区；朝鲜、日本、越南、印度也有分布。全草药用；幼叶为野菜。

鬼针草（白花鬼针草） 菊科 鬼针草属
Bidens pilosa Linn.

一年生草本，高 30~100cm。野生。生于路旁、荒地；分布于华东、华中、华南、西南；广布全球热带和亚热带地区。全草药用；嫩茎叶为野菜。外来入侵植物。

东风草 菊科 艾纳香属
Blumea megacephala (Randeria) Chang et Tseng

攀缘状草质藤本。花期 8~12 月。野生。生于山谷灌丛或林缘；分布于云南、四川、贵州、广西、广东、湖南、江西、福建、台湾；越南也有分布。

飞机草 菊科 飞机草属
Chromolaena odoratum (L.) R. King et H. Rob.

多年生草本，高 1~3m。花期 11 月至翌年 2 月；果期 12 月至翌年 4 月。野生。生于荒地、路旁、林下；原产美洲，现云南、贵州、台湾及华南地区广布；热带地区广布。外来入侵植物。

野菊 菊科 菊蒿属
Chrysanthemum indicum Thunb.

多年生草本，高 0.25~1m。花期 6~11 月。野生。生于旷地、路旁；分布于东北、华北、华中、华南、西南地区；印度、日本、朝鲜也有分布。全草药用。

野茼蒿（革命菜） 菊科 野茼蒿属
Crassocephalum crepidioides (Benth.) S. Moore

直立草本，高 0.2~1.2m。花果期 7~11 月。野生。生于林下、荒地、路旁；分布于江西、福建、湖南、湖北、广东、广西及西南地区；泰国、越南、老挝也有分布。全草药用；嫩叶为野菜。外来入侵植物。

鱼眼草 菊科 鱼眼草属
Dichrocephala auriculata (Thunb.) Druce

一年生草本，高 12~50cm。花果期全年。野生。生于耕地、林下、荒地；分布于云南、四川、贵州、陕西、湖北、湖南、广东、广西、浙江、福建、台湾；东南亚也有分布。全草药用。

鳢肠（旱莲草）

菊科　鳢肠属

Eclipta prostrata (Linn.) Linn.

一年生草本。花期6~9月。野生。生于路旁、田边、旷地；分布于我国南北各地；广布全球热带和亚热带地区。全草药用。

一点红

菊科　一点红属

Emilia sonchifolia Benth.

一年生草本。花果期7~10月。野生。生于路旁、田边、旷地；分布于华中、东南、华南地区；热带亚洲、非洲广布。全草药用；嫩叶为野菜。

一年蓬
菊科　飞蓬属
Erigeron annuus (Linn.) Pers.

一年生或二年生草本。花期6~9月；果期8~10月。野生。生于路旁、旷地；原产美洲，在我国驯化，广布于吉林、河北、河南、山东、江苏、安徽、江西、福建、湖南、湖北、四川、西藏。全草药用。外来入侵植物。

香丝草
菊科　飞蓬属
Erigeron bonariensis L.

一年生或二年生草本。花期5~10月。野生。生于荒地、田边、路旁；原产美洲，分布于华东、华中、华南、西南地区；广布于全球热带和亚热带地区。全草药用。外来入侵植物。

小蓬草
菊科　飞蓬属
Erigeron canadensis L.

一年生草本。花期5~9月。野生。生于荒地、田边、路旁；原产北美洲，分布于我国南北各地；全世界广布。嫩茎叶作饲料；全草药用。外来入侵植物。

牛膝菊
菊科　牛膝菊属
Galinsoga parviflora Cav.

一年生草本，高10~80cm。花果期7~10月。野生。生于林下、河谷、荒野、路旁；原产南美洲，现已归化，我国南北各地广布。全草药用。外来入侵植物。

鼠麹草 菊科 鼠麹草属
Gnaphalium affine D. Don

一年生草本。花果期1~4月和8~11月。野生。生于湿润草地、稻田；分布于华东、华南、华中、华北、西北、西南地区；日本、朝鲜、菲律宾、印度尼西亚、越南也有分布。茎叶为野菜。

泥胡菜 菊科 泥胡菜属
Hemistepta lyrata (Bunge) Bunge

一年生草本，高30~100cm。花果期3~8月。野生。生于路旁、田野、荒地；除新疆、西藏外，遍布全国各地；朝鲜、日本、越南、澳大利亚也有分布。

微甘菊 菊科 假泽兰属
Mikania micrantha Kunth

匍匐或攀缘草本。花果期 8~12 月。野生。生于人工林下、荒地；原产美洲，分布于广东、广西、香港、澳门、台湾；印度、马来西亚、泰国、印度也有分布。外来入侵植物。

假臭草 菊科 假臭草属
Praxelis clematidea (Griseb.) R. M. King et H. Rob.

一年生草本，植株高 0.3~1m。花果期 4~11 月。野生。生于低山、丘陵、平原；分布于福建、广东、广西、海南、台湾、香港、澳门；原产南美洲。外来入侵植物。

千里光

菊科　千里光属

Senecio scandens Buch.-Ham. ex D.Don

多年生攀缘草本。花期 8 月至翌年 4 月。野生。生于林缘、灌丛；分布于华南、华东、华中、西南、西北地区；日本及东南亚也有分布。

豨莶

菊科　豨莶属

Siegesbeckia orientalis Linn.

一年生草本。花期 4~9 月；果期 6~11 月。野生。生于山野、荒草地；分布于陕西、甘肃、江苏、浙江、安徽、江西、湖南、四川、贵州、福建、广东、台湾、广西、云南；朝鲜、日本及东南亚和欧洲也有分布。全草药用。

南苦苣菜 菊科 苦苣菜属

Sonchus lingianus C. Shih

一年生草本。花果期 7~10 月。野生。生于荒地、林下；分布于陕西、宁夏、新疆、福建、湖北、湖南、
广西、四川、云南、贵州、西藏；全世界广布。

三裂蟛蜞菊 菊科 蟛蜞菊属

Sphagneticola trilobata (L.) Pruski

多年生草本。花果期全年。野生＋栽培。生于路旁、林缘；原产美洲，在我国已归化，分布于福建、广西、
广东、海南、台湾、香港。栽为城市绿化植物。外来入侵植物。

钻叶紫菀 菊科 联毛紫菀属
Symphyotrichum subulatum (Michx.) G.L.Nesom

一年生草本，高 25~150cm。花果期全年。野生。生于路旁、旷地；原产北美洲；在我国已归化，分布于安徽、福建、广西、贵州、河北、河南、香港、湖北、湖南、江苏、江西、陕西、山东、四川、台湾、云南、浙江。全草药用；嫩茎叶为野菜。外来入侵植物。

金腰箭 菊科 金腰箭属
Synedrella nodiflora (Linn.) Gaertn.

一年生草本。花期 6~10 月。野生。生于旷野、耕地、路旁；原产美洲；现分布于我国南方各地区；越南、印度、马来西亚也有分布。全草药用。外来入侵植物。

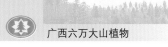

夜香牛

菊科　斑鸠菊属

Vernonia cinerea (L.) Less.

一年生草本。花期全年。野生。生于荒地、路旁；分布于浙江、江西、福建、台湾、湖北、湖南、广东、广西、云南、四川；澳大利亚、印度及东南亚、非洲也有分布。全草药用。

毒根斑鸠菊

菊科　斑鸠菊属

Vernonia cumingiana Benth.

攀缘灌木或藤本。花期10月至翌年4月。野生。生于灌丛或疏林中；分布于云南、四川、贵州、广西、广东、福建、台湾；泰国、越南、老挝、柬埔寨也有分布。根、茎藤药用。

黄鹌菜 菊科 黄鹌菜属
Youngia japonica (L.) DC.

一年生草本，高 10~100cm。花果期 4~10 月。野生。生于路旁、荒野；分布于华南、华东、华北、华中及西南地区；日本、印度、菲律宾、朝鲜及马来半岛也有分布。

香港双蝴蝶 龙胆科 双蝴蝶属
Tripterospermum nienkui (Marq.) C. J. Wu

多年生缠绕草本。花果期 9 月至翌年 1 月。野生。生于路旁疏林；分布于湖南、福建、浙江、广西、广东；越南也有分布。

蓝花丹 白花丹科 白花丹属
Plumbago auriculata Lam.

亚灌木。花期6~9月和12月至翌年4月。栽培。我国北京及华南、华东、西南地区常有栽培；原产南非南部，已广泛为各国引种作观赏植物。园林观花植物。外来植物。

车前 车前科 车前属
Plantago asiatica Ledeb.

二年生或多年生草本。花期4~8月；果期6~9月。野生。生于房前屋后、旷野；分布几乎遍布全国；朝鲜、俄罗斯、日本、尼泊尔、马来西亚、印度尼西亚也有分布。全草药用。

金钱豹

桔梗科 金钱豹属

Codonopsis javanica (Blume) Hook. f.

草质藤本，长可达 2m。花期 5~11 月；果期 9~12 月。野生。生于疏林、灌丛；分布于广东、广西、贵州、云南；印度（锡金）、不丹、印度尼西亚也有分布。全草药用。

半边莲

桔梗科 半边莲属

Lobelia chinensis Lour.

多年生草本。花果期 5~10 月。野生。生于沟边、湿润草地；分布于长江中下游及以南各地区；越南至印度、朝鲜、日本也有分布。

铜锤玉带草

桔梗科　半边莲属

Lobelia nummularia Lam.

多年生草本。花果期全年。野生。生于潮湿地，分布于湖南、湖北及西南、华南、华东地区；印度、尼泊尔、缅甸、巴布亚新几内亚也有分布。全草药用。

厚壳树

紫草科　厚壳树属

Ehretia acuminata (DC.) R. Br.

落叶乔木，高达15m。花果期4~9月。野生。生于山地林中；分布于山东、河南及西南、华南、华东地区；日本、越南也有分布。栽为行道树；茎干材用；树皮制染料；嫩芽为野菜；叶、心材、树枝药用。

红丝线 茄科 红丝线属
Lycianthes biflora (Lour.) Bitter

亚灌木。花期5~8月；果期7~11月。野生。生于阴湿林下、水边；分布于云南、四川、广西、广东、江西、福建、台湾；印度、马来西亚、印度尼西亚、日本也有分布。

苦蘵 茄科 灯笼果属
Physalis angulata Linn.

一年生草本，高达30~50cm。花期5~7月；果期7~12月。野生。生于林下、村旁；分布于华东、华中、华南、西南地区；日本、印度、澳大利亚也有分布。外来入侵植物。

喀西茄 茄科 茄属
Solanum aculeatissimum Jacquem.

直立草本至亚灌木，高 1~2m。花期 3~8 月；果期 11~12 月。野生。生于路旁、旷野、疏林；分布于辽宁、山东及华中、华东、西南、华南地区；印度也有分布。外来入侵植物。

假烟叶树 茄科 茄属
Solanum erianthum D. Don

小乔木，高 1.5~10m。花果期几乎全年。野生。生于荒山荒地；分布于四川、贵州、云南、广西、广东、福建、台湾；热带亚洲、大洋洲、南美洲也有分布。根皮药用。外来入侵植物。

白英 茄科 茄属
Solanum lyratum Thunb.

草质藤本，长 0.5~1m。花期 6~10 月；果期 10~11 月。野生。生于山谷草地或路旁；分布于甘肃、陕西、河南、山东以及长江以南各地区；日本、朝鲜、越南也有分布。全草药用。

龙葵（白花菜）茄科 茄属
Solanum nigrum L.

一年生草本，高 0.25~1m。花期 5~8 月；果期 7~11 月。野生。生于田边、荒地、路旁；分布于我国南北各地；广布温带至热带地区。全株药用；嫩茎为野菜。

水茄 茄科 茄属
Solanum torvum Swartz

灌木，高 1~3m。花果期全年。野生。生于路旁、荒地；分布于云南、广西、广东、台湾；缅甸、泰国、菲律宾、马来西亚也有分布。果实药用。外来入侵植物。

金灯藤 旋花科 菟丝子属
Cuscuta japonica Choisy

一年生寄生缠绕草本。花期 8 月；果期 9 月。野生。寄生于草本或灌木上；分布于我国南北各地；越南、朝鲜、日本也有分布。种子药用。

金钟藤 旋花科　鱼黄草属
Merremia boisiana (Gagn.) V. Ooststr.

大型缠绕草本或亚灌木。野生。生于湿润次生杂木林；分布于广东、海南、广西、云南；越南、老挝、印度尼西亚也有分布。

五爪金龙 旋花科　番薯属
Ipomoea cairica Hand.-Mazz.

多年生缠绕草本。花期 5~12 月。野生。生于路旁灌丛；分布于台湾、福建、广东、广西、云南；原产非洲，现广泛栽培或归化于全热带。作观赏植物栽培；块根药用。外来入侵植物。

牵牛
旋花科　番薯属
Ipomoea nil (L.) Roth

一年生缠绕草本。花期6~9月；果期9~10月。野生。生于山坡灌丛；除西北、东北地区外，我国其余省份均有栽培或已野化；原产美洲，现已广植于热带和亚热带地区。栽为观赏植物；种子药用。外来入侵植物。

篱栏网
旋花科　鱼黄草属
Merremia hederacea (Burm. f.) Hall. f.

缠绕或匍匐草本。花果期6~11月。野生。生于空旷地；分布于台湾、广东、广西、江西、云南；印度、斯里兰卡、缅甸、泰国、越南、马来西亚也有分布。全草药用。

毛麝香 玄参科 毛麝香属
Adenosma glutinosum (L.) Druce

直立草本。花果期 7~10 月。野生。生于山坡疏林湿润处；分布于江西、福建、广东、广西、云南；印度、越南、缅甸、澳大利亚也有分布。全草药用。

通泉草 玄参科 通泉草属
Mazus pumilus (Burm. f.) Steenis

一年生草本，高 5~30cm。花果期 4~10 月。野生。生于路旁、沟边、草坡；分布于我国南北各地；越南、日本、菲律宾也有分布。

伏胁花（黄花过长沙舅）

玄参科　伏胁花属

Mecardonia procumbens (P. Mill.) Small

一年生草本。花果期 3~11 月。野生。生于路旁草地；分布于广东、广西、台湾。原产美洲，除南极洲以外的所有大洲均有分布。栽为园林植物。外来植物。

白花泡桐（绿桐）

玄参科　泡桐属

Paulownia fortunei (Seem.) Hemsl.

乔木，高达 30m。花期 3~4 月；果期 7~8 月。野生。生于林中；分布于安徽、浙江、福建、台湾、江西、湖北、湖南、四川、云南、贵州、广东、广西；越南、老挝也有分布。栽作行道树。

野甘草

玄参科　野甘草属

Scoparia dulcis Linn.

直立草本或为半灌木状，高可达 1m。花果期 5~11 月。野生。生于荒地、路旁；分布于云南、福建、上海及华南地区；原产美洲，现热带、亚热带地区广布。外来入侵植物。

光叶蝴蝶草

玄参科　蝴蝶草属

Torenia asiatica L.

一年生草本。花果期 5~11 月。野生。生于沟边湿润地；分布于浙江、福建、江西、河南、湖北、湖南、广东、海南、广西、贵州、云南、四川、西藏；东南亚也有分布。

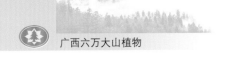

野菰
列当科 野菰属

Aeginetia indica L.

一年生寄生草本，高 15~50cm。花期 4~8 月，果期 8~10 月。野生。寄生于禾草类植物根部；分布于湖南、广东、广西、四川、贵州、云南及华东地区；印度、斯里兰卡、缅甸、越南、菲律宾、马来西亚、日本也有分布。全株药用。

紫花马铃苣苔
苦苣苔科 马铃苣苔属

Oreocharis argyreia Chun ex K. Y. Pan

多年生无茎草本。花期 8 月。野生。生于山坡岩石上；分布于广东、广西。栽植观赏。

厚萼凌霄 紫葳科 凌霄属
Campsis radicans (L.) Seem.

藤本，具气生根，长达 10m。栽培。原产美洲，我国广西、江苏、浙江、湖南广泛栽培；越南、印度、巴基斯坦也有栽培。花药用；栽为观赏植物。外来植物。

炮仗花 紫葳科 炮仗藤属
Pyrostegia venusta (Ker-Gawl.) Miers

藤本。花期 1~6 月。栽培。原产南美巴西，我国广东、海南、广西、福建、台湾、云南均有栽培；热带亚洲也广泛栽培。栽为观赏藤架植物；花、叶药用。外来植物。

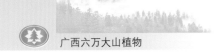

爵床 爵床科　爵床属
Justicia procumbens L.

草本，高达 50cm。花期 8~11 月，果期 10~12 月。野生。生于路旁、林缘；分布于秦岭以南各地区；东南亚也有分布。全草药用。

狭叶红紫珠 马鞭草科　紫珠属
Callicarpa rubella f. *angustata* C. Pei

灌木，高约 2m。花期 5~7 月；果期 7~11 月。野生。生于灌丛或林中；分布于广东、广西、四川、贵州、云南；越南也有分布。

臭牡丹 马鞭草科 大青属
Clerodendrum bungei Steud.

灌木，高1~2m，植株有臭味。花期3~8月；果期9~11月。野生。生于山坡、沟谷；分布于江苏、安徽、浙江、江西、湖南、湖北、广西及华北、西北、西南地区；印度、越南、马来西亚也有分布。根、茎、叶药用。

灰毛大青 马鞭草科 大青属
Clerodendrum canescens Wall.

灌木，高1~3.5m。花期4~8月；果期8~10月。野生。生于山坡路边或疏林中；分布于浙江、江西、湖南、福建、台湾、广东、广西、四川、贵州、云南；印度、越南也有分布。全草药用。

大青 马鞭草科 大青属
Clerodendrum cyrtophyllum Turcz.

灌木或小乔木，高 1~10m。花果期 6 月至翌年 2 月。野生。生于山坡路边或疏林中；分布于华东、华中、华南、西南地区；朝鲜、越南、马来西亚也有分布。根、叶药用。

白花灯笼 马鞭草科 大青属
Clerodendrum fortunatum L.

灌木，高可达 2.5m。花果期 6~11 月。野生。生于山坡、路边、旷野；分布于我国南部；越南、菲律宾也有分布。全株药用。

赪桐 马鞭草科 大青属
Clerodendrum japonicum (Thunb.) Sweet

灌木，高 1~4m。花果期 5~11 月。野生。生于旷野、溪边疏林；分布于江苏、浙江、江西、福建、台湾及华中、西南、华南地区；东南亚、马来西亚、日本也有分布。栽为观花植物。

马缨丹（五色梅） 马鞭草科 马缨丹属
Lantana camara Linn.

直立或蔓性灌木，高 1~3m。花果期全年。野生。生于旷地、林缘；原产热带美洲，我国南方各地均有栽培或已野化；世界热带地区均有栽培。观花植物；根、叶、花药用。外来入侵植物。

马鞭草 马鞭草科 马鞭草属
Verbena officinalis Linn.

多年生草本，高达 1.2m。花期 6~8 月；果期 7~10 月。野生。生于路边、山坡、溪边；分布几乎遍布全国；广布热带地区。全草药用。

黄荆 马鞭草科 牡荆属
Vitex negundo Linn.

灌木或小乔木。花期 4~6 月；果期 7~10 月。野生。生于山坡路旁、林边；分布于秦岭—淮河以南各地区；东南亚、非洲、美洲也有分布。茎叶和种子药用；花提芳香油。外来入侵植物。

广防风 唇形科 广防风属
Anisomeles indica (L.) Kuntze

直立草本，高 1~2m。花期 8~9 月；果期 9~11 月。野生。生于路旁、荒地；分布于广东、广西、湖南、江西、浙江、福建、台湾及西南地区；东南亚也有分布。全草药用。

细风轮菜 唇形科 风轮菜属
Clinopodium gracile (Benth.) Kuntze

一年生草本。花期 6~8 月；果期 8~10 月。野生。生于沟边、草地；分布于长江以南各地区；印度、缅甸、老挝、泰国、越南、马来西亚、印度尼西亚、日本也有分布。全草药用。

活血丹
唇形科　活血丹属
Glechoma longituba (Nakai) Kupr.

多年生草本，高达 30cm。花期 4~5 月；果期 5~6 月。野生。生于疏林下、路旁、溪边；除青海、甘肃、新疆及西藏外，我国南北各地均有分布；朝鲜、俄罗斯也有分布。全草药用。

野生紫苏
唇形科　紫苏属
Perilla frutescens var. *purpurascens* (Hayata) H. W. Li

一年生直立草本，高 0.3~2m。花期 8~11 月；果期 8~12 月。野生。生于山地路旁、村边荒地；分布于山西、河北、湖北、江西、浙江、江苏、福建、台湾、广东、广西、云南、贵州、四川；日本也有分布。全株药用、食用。

韩信草

唇形科　黄芩属

Scutellaria indica L.

多年生草本。花果期 2~6 月。野生。生于路旁、草地；分布于陕西以南各地区；日本、印度、越南、印度尼西亚也有分布。全草药用。

血见愁

唇形科　香科科属

Teucrium viscidum Bl.

多年生草本，高达 70cm。花期 6~11 月。野生。生于山地林下湿润处；分布于江苏、浙江、福建、台湾、江西、湖南、广东、广西、云南、四川；日本、朝鲜、缅甸、印度、印度尼西亚、菲律宾也有分布。全草药用。

穿鞘花 鸭跖草科 穿鞘花属

Amischotolype hispida (Less. et A. Rich.) D. Y. Hong

多年生草本。花期 7~8 月；果期 9~11 月。野生。生于山谷溪边；分布于台湾、福建、广东、海南、广西、贵州、云南、西藏；日本、巴布亚新几内亚、印度尼西亚、越南也有分布。

饭包草 鸭跖草科 鸭跖草属

Commelina benghalensis Linnaeus

多年生匍匐草本。花期 7~10 月；果期 11~12 月。野生。生于湿地；分布于秦岭淮河以南各地区；泰国、越南也有分布。全草药用；栽植观赏。

鸭跖草
鸭跖草科　鸭跖草属
Commelina communis L.

一年生草本。花期 7~9 月；果期 8~10 月。野生。生于湿地；除青海、新疆、西藏外，其余各地均有分布；越南、朝鲜、日本、俄罗斯也有分布。全草药用。

聚花草
鸭跖草科　聚花草属
Floscopa scandens Lour.

多年生草本。花果期 7~11 月。野生。生于沟边草地；分布于浙江、福建、江西、湖南、广东、海南、广西、云南、四川、西藏、台湾；热带亚洲、大洋洲也有分布。全草药用。

裸花水竹叶
鸭跖草科　水竹叶属
Murdannia nudiflora (L.) Brenan

多年生草本。花果期 6~10 月。野生。生于水边潮湿处；分布于山东和河南以南、四川及云南以东各地；老挝、印度、斯里兰卡、日本、菲律宾也有分布。鲜草捣烂外敷治疮疖红肿。

野蕉
芭蕉科　芭蕉属
Musa balbisiana Colla

假茎丛生，高约 6m。花期 3~8 月；果期 5~8 月。野生。生于沟谷坡地湿润常绿林；分布于云南、广西、广东；东南亚也有分布。假茎作猪饲料。

华山姜 姜科 山姜属

Alpinia oblongifolia Hayata

多年生草本，高约 1m。花期 5~7 月；果期 6~12 月。野生。生于山坡密林下；分布于长江以南各地区；越南、老挝也有分布。根茎药用、取芳香油、作调香原料。

艳山姜 姜科 姜属

Alpinia zerumbet (Pers.) Burtt. et Smith

多年生草本，高达 3m。花期 4~6 月；果期 7~10 月。野生。生于林荫下；分布于长江以南各地区；印度、泰国、马来西亚也有分布。栽植观赏；根、茎、种子药用。

闭鞘姜
姜科　闭鞘姜属
Cheilocostus speciosus (J. Koenig) C. D. Specht

多年生草本，株高 1~3m。花期 7~8 月；果期 9~11 月。野生。生于疏林下、山谷阴湿地；分布于台湾、广东、广西、云南；东南亚也有分布。根茎药用。

红球姜
姜科　姜属
Zingiber zerumbet (L.) Roscose ex Smith

多年生草本，植株高达 2m。花期 7~9 月；果期 10 月。栽培。生于林下阴湿处；分布于广东、广西、云南、海南、福建、湖南；亚洲热带也有分布。根茎药用；嫩茎叶作蔬菜。

柊叶 竹芋科 柊叶属

Phrynium rheedei Suresh et Nicolson

多年生草本，株高 1m。花期 5~7 月；果期 8~12 月。栽培。生于密林阴湿处；分布于广东、广西、云南；亚洲南部也有分布。根茎、叶药用；叶裹米棕或包物。

山菅 百合科 山菅属

Dianella ensifolia (Linn.) DC.

草本，高达 1~2m。花果期 3~8 月。野生。生于林下、草丛、路旁；分布于云南、四川、贵州、广西、广东、江西、浙江、福建、台湾；澳大利亚及热带亚洲也有分布。根状茎药用。

七叶一枝花

百合科　重楼属
Paris polyphylla Smith

草本，高达 0.3~1m。花期 4~7 月；果期 8~11 月。野生。生于密林下；分布于西藏、云南、四川、贵州、广西、广东；不丹、印度（锡金）、尼泊尔、越南也有分布。国家二级重点保护野生植物。

凤眼蓝（水葫芦）

雨久花科　凤眼蓝属
Eichhornia crassipes (Mart.) Solms

浮水草本，高 30~60cm。花期 7~10 月；果期 8~11 月。野生。生于水塘、沟渠；原产巴西，现广布于长江、黄河流域及华南各地；热带亚洲也有分布。全草饲用。外来入侵植物。

土茯苓 菝葜科 菝葜属
Smilax glabra Roxb.

攀缘灌木。花期7~11月；果期11月至翌年4月。野生。生于疏林、灌丛；分布于甘肃、长江以南各地区；越南、泰国、印度也有分布。根状茎药用；根状茎富含淀粉可制糕点或酿酒。

石菖蒲 天南星科 菖蒲属
Acorus gramineus Sol. ex Aiton

多年生草本，高20~30cm。花期5~6月；果期7~8月。野生。生于水旁湿地或石上；分布于华东、华南、华北、西南地区；印度、泰国也有分布。根茎药用。

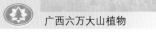

海芋 天南星科 海芋属
Alocasia odora (Roxb.) K. Koch

大型草本。花期全年，密林下常不开花。野生。生于沟谷阴湿林下；分布于江西、福建、湖南、广西、四川；孟加拉国、越南、缅甸、菲律宾、印度尼西亚也有分布。根茎药用；观叶植物。

野芋 天南星科 芋属
Colocasia antiquorum Schott

一年生湿生草本。花期7~9月。野生。生于阴湿林下；分布于长江以南各地区；原产非洲。根茎药用、有毒。

大藻
天南星科　大藻属
Pistia stratiotes Linn.

水生飘浮草本。花期5~11月。野生。生于水塘、沟渠；分布于长江以南各地区；热带亚洲、非洲、美洲也有分布。全草饲用。外来入侵植物。

石柑子
天南星科　石柑属
Pothos chinensis (Raf.) Merr.

附生藤本，长0.4~6m。花果期全年。野生。附生于阴湿密林树干、岩石上；分布于台湾、湖北、广东、广西、四川、贵州、云南；越南、老挝、泰国也有分布。全草药用。

百足藤 天南星科　石柑属
Pothos repens (Lour.) Druce

附生藤本，长 1~20m。花期 3~4 月；果期 5~7 月。野生。附生阴湿林下岩石或树干上；分布于云南、广东、广西、海南、香港、贵州、四川；越南也有分布。茎叶药用、饲用。

犁头尖 天南星科　犁头尖属
Typhonium blumei Nicolson et Sivadasan

草本。花期 5~7 月。野生。生于田间地头、草坡；分布于浙江、江西、福建、湖南、广东、广西、四川、云南；印度、缅甸、越南、泰国、印度尼西亚、日本也有分布。

浮萍 浮萍科 浮萍属
Lemna minor L.

飘浮水生草本。花期春夏季。野生。生于池沼、湖泊或静水中；分布于我国南北各地；全球温暖地区均有分布。全草药用、饲用。

紫萍 浮萍科 紫萍属
Spirodela polyrhiza (Linnaeus) Schleiden

漂浮水生草本。花期 4~6 月，果期 5~7 月。野生。生于池沼、湖泊、静水中；分布于我国南北各地；全球温暖地区均有分布。全草药用、饲用。

黄独

薯蓣科　薯蓣属

Dioscorea bulbifera Linn.

缠绕草质藤本。花期 7~10 月；果期 8~11 月。野生。生于山谷密林；分布于陕西及西南、华南、华中、华东地区；日本、朝鲜、印度、缅甸也有分布。块茎药用。

薯莨

薯蓣科　薯蓣属

Dioscorea cirrhosa Lour.

藤本，长达 20m。花期 4~6 月，果期 7 月至翌年 1 月。野生。生于山坡、路旁、河谷林中；分布于台湾、福建、浙江及西南、华南、华中地区；越南、印度、菲律宾也有分布。块茎药用、酿酒。

假槟榔 棕榈科 假槟榔属

Archontophoenix alexandrae (F. Muell.) H. Wendl. et Drude

乔木状草本，高达 10~25m。花期 4 月；果期 4~7 月。栽培。原产澳大利亚东部，我国福建、台湾、广东、海南、广西、云南均有栽培。栽为庭院观赏植物或行道树。外来植物。

鱼尾葵 棕榈科 鱼尾葵属

Caryota maxima Blume ex Mart.

乔木状草本，高 10~20m。花期 5~7 月；果期 8~11 月。栽培。分布于福建、广东、海南、广西、云南；印度、泰国也有分布。栽为庭院绿化植物；茎髓淀粉可作桄榔粉的代用品。

短穗鱼尾葵

棕榈科　鱼尾葵属
Caryota mitis Lour.

小乔木状草本，高 5~8m。花期 4~6 月；果期
8~11 月。栽培。分布于海南、广西、广东；越南、
缅甸、印度、马来西亚、印度尼西亚也有分布。
栽为庭院绿化植物。

散尾葵

棕榈科　散尾葵属
Dypsis lutescens (H. Wendl.) Beentje et Dransf.

丛生灌木状草本，高 2~5m。花期 5 月；果期 8 月。
栽培。原产马达加斯加，我国南方各地均有栽培。
观叶植物。外来植物。

江边刺葵 棕榈科 刺葵属
Phoenix roebelenii O'Brien

丛生或单生灌木状草本。花期 4~5 月，果期 6~9 月。栽培。栽于水边；我国福建、台湾、云南、广西、广东、香港有栽培；越南、缅甸、印度也有分布。栽为庭院绿化植物。

棕竹 棕榈科 棕竹属
Rhapis excelsa (Thunb.) Henry ex Rehd.

丛生灌木草本，高 2~3m。花期 6~7 月；果期 9~11 月。栽培。生于山地疏林；分布于我国东南、西南地区；日本也有分布。栽为庭院绿化植物；根、叶鞘纤维药用。

王棕（大王椰）

棕榈科　王棕属

Roystonea regia (Kunth) O. F. Cook

乔木状草本，高 10~20m。花期 3~4 月；果期 10 月。栽培。原产古巴，广植各热带地区；我国华南、华东沿海地区均有栽培。常作行道树和庭院绿化树；果实饲用。外来植物。

美冠兰

兰科　美冠兰属

Eulophia graminea Lindl.

地生草本。花期 4~5 月；果期 5~6 月。野生。生于疏林、草地、山坡、沙滩林中；分布于安徽、台湾、贵州、云南及华南；东南亚、印度、斯里兰卡也有分布。观花植物。

见血青 兰科 羊耳蒜属

Liparis nervosa (Thunb. ex A. Murray) Lindl.

地生草本。花期 2~7 月；果期 10 月。野生。生于溪谷林下、草丛；分布于浙江、江西、福建、台湾、湖南、广东、广西、四川、贵州、云南、西藏；热带和亚热带地区也有分布。广西重点保护野生植物。

石仙桃 兰科 石仙桃属

Pholidota chinensis Lindl.

附生草本。花期 4~5 月；果期 9~12 月。野生。附生于林下树干、岩石；分布于浙江、福建、广东、海南、广西、贵州、云南、西藏；越南、缅甸也有分布。广西重点保护野生植物。

线柱兰 兰科 线柱兰属
Zeuxine strateumatica (Linn.) Schltr.

地生草本，高 4~28cm。花果期 4~6 月。野生。
生于潮湿草地、沟旁；分布于福建、台湾、湖北、
广东、香港、海南、广西、四川、云南；日本、
印度及东南亚也有分布。

浆果薹草 莎草科 薹草属
Carex baccans Nees

多年生草本，高 80~150m。花果期 8~12 月。野生。生于路旁；分布于福建、台湾及西南、华南地区；
马来西亚、越南、尼泊尔、印度也有分布。

砖子苗 莎草科 莎草属

Cyperus cyperoides (L.) Kuntze

一年生草本。花果期5~6月。野生。生于山坡灌丛、草丛；分布于华中、华东、华南、西南地区；印度、马来西亚、菲律宾、美国也有分布。

碎米莎草 莎草科 莎草属

Cyperus iria Linn.

一年生草本。花果期6~10月。野生。生于田间、山坡、路旁；分布于河北及东北、华中、华东、华南、西南、西北地区；朝鲜、日本、越南、印度、伊朗及大洋洲、非洲、美洲也有分布。

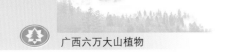

香附子 莎草科 莎草属
Cyperus rotundus Linn.

多年生草本。花果期5~11月。野生。生于山坡草地；分布于陕西、甘肃、山西、河北、河南及华东、西南、华南；全世界各地广布。块茎药用。

短叶水蜈蚣 莎草科 水蜈蚣属
Kyllinga brevifolia Rottb.

多年生草本。花果期5~9月。野生。生于荒地、路旁、溪边、沙滩；分布于安徽、浙江、江西、福建、湖北及华南、西南地区；全世界热带广布。全草药用。

高秆珍珠茅

莎草科　珍珠茅属

Scleria terrestris (L.) Fass

多年生草本，高 0.6~1m。花果期 5~10 月。野生。
生于山坡、路旁、田边；分布于浙江、台湾、福建、
江西、湖南及华南、西南地区；东南亚也有分布。

粉单竹

禾本科　箣竹属

Bambusa chungii McClure

乔木状草本，高达 18m。笋期 6~9 月。栽培。生
于溪边谷地、村旁；分布于福建、浙江、江苏、
湖南、贵州、云南及华南地区。竹材用于编织竹
器、造纸；栽为观赏植物。华南特产。

麻竹 禾本科 牡竹属
Dendrocalamus latiflorus Munro

乔木状草本，高 20~25m。笋期 7~9 月。栽培。
分布于浙江、福建、台湾、四川、贵州、云南及
华南地区；越南、缅甸也有分布。竹材篾用、造纸；
笋可食；栽为观赏植物。

水蔗草 禾本科 水蔗草属
Apluda mutica Linn.

多年生草本。花果期 5~10 月。野生。生于水旁湿地、山坡草丛；分布于湖南及华东、华南、西南地区；
印度、日本、澳大利亚及东南亚也有分布。

芦竹 禾本科 芦竹属

Arundo donax L.

多年生草本。花果期9~12月。野生。生于河岸道旁；分布于广东、海南、广西、贵州、云南、四川、湖南、江西、福建、台湾、浙江、江苏；澳大利亚、西班牙也有分布。秆制管乐器簧片、造纸；嫩枝叶饲用。

地毯草 禾本科 地毯草属

Axonopus compressus (Sw.) Beauv.

多年生草本。野生。生于荒野、路旁；原产热带美洲，世界各热带、亚热带地区均有引种；我国台湾、广东、广西、云南有栽培或野生。草皮草种；保土植物；优质牧草。外来植物。

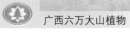

竹节草 禾本科 金须茅属

Chrysopogon aciculatus (Retz.) Trin.

多年生草本。花果期6~10月。野生。生于向阳山坡草地、荒野；分布于广东、广西、云南、台湾；印度、澳大利亚也有分布。保土植物；草皮草种。

狗牙根 禾本科 狗牙根属

Cynodon dactylon (Linn.) Pers.

多年生草本。花果期5~10月。野生。生于旷野、路旁、草地；分布于黄河以南各地区；广布全球温带地区。保土植物；草皮草种；优质牧草；根茎药用。

弓果黍 禾本科 弓果黍属
Cyrtococcum patens (Linn.) A. Camus

一年生草本。花果期9月至翌年2月。野生。生于丘陵杂木林、阴湿草地；分布于江西、广东、广西、福建、台湾、云南；印度也有分布。

牛筋草 禾本科 穇属
Eleusine indica (Linn.) Gaertn.

一年生草本，株高10~90cm。花果期6~10月。野生。生于路旁、荒地；分布于我国南北各地；广布全球温带地区。保土植物。

白茅 禾本科 白茅属
Imperata cylindrica (L.) Raeusch.

多年生草本。高 30~80cm。花果期 4~6 月。野生。生于河岸草地、荒漠、海滨；分布于我国南北各地；土耳其、伊拉克、伊朗、法国也有分布。根茎食用，微甜。

淡竹叶 禾本科 淡竹叶属
Lophatherum gracile Brongn.

多年生草本。花果期 6~10 月。野生。生于山坡林下或路旁；分布于长江以南各地区；印度、日本及东南亚也有分布。全草药用。

刚荩竹　禾本科　荩竹属
Microstegium ciliatum (Trin.) A. Camus

多年生蔓生草本，高 1~2m。花果期 9~12 月。野生。生于阴坡林缘；分布于江西、湖南、福建、台湾及华南、西南地区；印度、缅甸、泰国、马来西亚及印度尼西亚爪哇岛也有分布。

蔓生荩竹　禾本科　荩竹属
Microstegium fasciculatum (L.) Henrard

多年生蔓生草本，高 30~90cm。花果期 8~11 月。野生。生于林缘、阴湿林下；分布于广东、广西、海南、贵州、四川、湖南；印度、缅甸、泰国、马来西亚也有分布。

五节芒
禾本科　芒属

Miscanthus floridulus (Lab.) Warb. ex Schum. et Laut.

多年生草本，高 2~4m。花果期 5~10 月。野生。
生于荒地、路旁、山坡；分布于江苏、浙江、福建、
台湾及华南地区。幼叶饲用；秆造纸；根药用。

类芦
禾本科　类芦属

Neyraudia reynaudiana (Kunth) Keng

多年生草本。花果期 8~12 月。野生。生于河边、
草坡、石山；分布于长江以南各地区；东南亚也
有分布。

竹叶草 禾本科 求米草属
Oplismenus compositus (Linn.) Beauv.

多年生草本。花果期9~11月。野生。生于疏林阴湿处；分布于江西、四川、贵州、台湾、广东、广西、云南；斯里兰卡、泰国、印度也有分布。全草药用。

求米草 禾本科 求米草属
Oplismenus undulatifolius (Arduino) Beauv.

多年生草本。花果期7~11月。野生。生于阴湿疏林下；分布于我国南北各地；全球温带、亚热带均有分布。优质牧草，全草饲用。

短叶黍 禾本科 黍属
Panicum brevifolium L.

一年生草本。花果期 5~12 月。野生。生于阴湿林下；分布于华南、西南地区；东南亚、非洲也有分布。

铺地黍 禾本科 黍属
Panicum repens Linn.

多年生草本，高 50~100cm。花果期 6~11 月。野生。生于海边、溪边、潮湿处；分布于东南、华南地区；全球热带、亚热带均有分布。优质牧草，叶饲用。外来入侵植物。

两耳草 禾本科 雀稗属

Paspalum conjugatum C. Cordem.

多年生草本。花果期 5~9 月。野生。生于田野、林缘、草地；分布于台湾、云南、海南、广西；全球热带、亚热带均有分布。外来入侵植物。

雀稗 禾本科 雀稗属

Paspalum thunbergii Kunth ex Steud.

多年生草本。花果期 5~10 月。野生。生于荒野、草地；分布于华东、华中、华南、西南地区；日本、朝鲜也有分布。

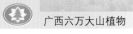

狼尾草 禾本科 狼尾草属
Pennisetum alopecuroides (L.) Spreng.

多年生草本。高 30~120cm。花果期 6~10 月。野生。生于田边、荒地、路旁；分布于我国南北各地；原产非洲，温带亚洲、大洋洲也有分布。优质牧草，叶饲用。

象草 禾本科 狼尾草属
Pennisetum purpureum Schum.

多年生丛生大型草本。花果期 8~10 月。野生＋栽培。原产非洲，我国江西、四川、广东、广西、云南引种栽培或野化；印度、缅甸、澳大利亚也有分布。优质牧草，叶饲用。

金丝草 禾本科 金发草属
Pogonatherum crinitum (Thunb.) Kunth

多年生草本，高 10~30cm。花果期 5~9 月。野生。
生于阴湿山坡、河边、石隙；分布于湖南、湖北
及华东、华南、西南地区；日本、越南、印度也
有分布。全草药用。

棒头草 禾本科 棒头草属
Polypogon fugax Nees ex Steud.

一年生草本。花果期 4~9 月。野生。生于田边、山坡；分布于我国南北各地；俄罗斯、巴基斯坦、日本
及东南亚也有分布。

斑茅 禾本科 甘蔗属
Saccharum arundinaceum Retz.

多年生草本，2~6m。花果期 8~12 月。野生。生
于山坡、河岸溪涧草地；分布于华中、华东、华南、
西南地区；东南亚也有分布。嫩叶饲用；秆可编
席和造纸。

甜根子草 禾本科 甘蔗属
Saccharum spontaneum Linn.

多年生草本。花果期 7~9 月。野生。生于旷野、路旁；分布于华中、华东、华南、西南地区；印度、澳
大利亚、日本及东南亚也有分布。固堤植物；秆造纸；嫩枝叶饲用。

囊颖草

禾本科　囊颖草属

Sacciolepis indica (Linn.) A. Chase

一年生草本。花果期7~11月。野生。生于水湿处；
分布于辽宁及华东、华南、西南地区；印度、日
本、澳大利亚及东南亚也有分布。

大狗尾草

禾本科　狗尾草属

Setaria faberi R. A. W. Herrmann

一年生草本。花果期7~10月。野生。生于山坡路旁、荒野；分布于我国南北各地；日本、朝鲜也有分布。
秆、叶可作畜饲料。

皱叶狗尾草 禾本科　狗尾草属
Setaria plicata (Lam.) T. Cooke

多年生草本。花果期6~10月。野生。生于山坡、林下、路旁；分布于长江以南各地区；印度、尼泊尔、斯里兰卡、马来西亚、日本也有分布。

狗尾草 禾本科　狗尾草属
Setaria viridis (Linn.) Beauv.

一年生草本。花果期5~10月。野生。生于荒野、道旁；分布于我国南北各地；全世界温带和亚热带地区广布。秆叶饲用、药用。

鼠尾粟
禾本科　鼠尾粟属

Sporobolus fertilis (Steud.) W. D. Clayton

多年生草本。花果期 3~12 月。野生。生于荒野、
路旁；分布于陕西、甘肃及华东、华中、西南地区；
印度、日本及东南亚也有分布。

粽叶芦
禾本科　粽叶芦属

Thysanolaena latifolia (Roxb. ex Hornem.) Honda

多年生草本，高 2~3m。花果期 3~6 月和 9~10 月。
野生。生于山坡、灌丛、林下；分布于台湾、广东、
广西、贵州；印度、越南、印度尼西亚、巴布亚
新几内亚也有分布。秆作篱笆或造纸；叶裹粽；
花序作扫帚；栽植观赏。

中文名索引*

学 名 索 引